• 全国高职高专院校“十三五”医疗器械规划教材 •

电工技术应用

（供医疗器械类专业使用）

U0297491

主　编　张洪运　朱　璇

副主编　杨卫东　曹　彦　王世刚

编　者（以姓氏笔画为序）

王　婷（重庆医药高等专科学校）
王广昆（山东药品食品职业学院）
王世刚［山东第一医科大学（山东省医学科学院）］
朱　璇（江苏卫生健康职业学院）
杨卫东（浙江医药高等专科学校）
张洪运（山东药品食品职业学院）
金志平（江西省医药技师学院）
祝寻寻（江苏省徐州医药高等职业学校）
曹　彦（安徽医学高等专科学校）
焦扬松（毕节医学高等专科学校）

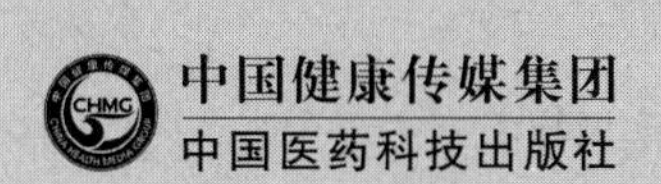

中国健康传媒集团
中国医药科技出版社

内 容 提 要

本教材为“全国高职高专院校‘十三五’医疗器械规划教材”之一。编者是在广泛调研了医疗器械类企业设备的操作、装配、维修维护和售后服务等岗位对技术人员的电工技能要求后而编写了这本具有医疗器械行业特色的理实一体化教材。本教材以应用为目的，突出理论与实践相结合，注重对学生实践能力的培养；内容涵盖直流电路、正弦交流电路、三相电路、电动机、常用低压电器及基本控制电路。本教材为书网融合教材，即纸质教材有机融合电子教材、教学配套资源（PPT、微课、视频等）、题库系统、数字化教学服务（在线教学、在线作业、在线考试）。

本教材主要供高职高专院校医疗器械类专业电工技术课程教学使用，也可作为从事电工技术工作的工程技术人员参考用书。

图书在版编目（CIP）数据

电工技术应用 / 张洪运，朱璇主编 .—北京：中国医药科技出版社，2020.7

全国高职高专院校“十三五”医疗器械规划教材

ISBN 978-7-5214-1829-3

Ⅰ.①电… Ⅱ.①张… ②朱… Ⅲ.①电工技术—高等职业教育—教材 Ⅳ.①TM

中国版本图书馆CIP数据核字（2020）第084553号

美术编辑 陈君杞

版式设计 南博文化

出版 **中国健康传媒集团** | 中国医药科技出版社

地址 北京市海淀区文慧园北路甲 22 号

邮编 100082

电话 发行：010-62227427 邮购：010-62236938

网址 www.cmstp.com

规格 889 × 1194mm $^{1}/_{16}$

印张 10 $^{1}/_{4}$

字数 254 千字

版次 2020 年 7 月第 1 版

印次 2023 年 9 月第 3 次印刷

印刷 三河市万龙印装有限公司

经销 全国各地新华书店

书号 ISBN 978-7-5214-1829-3

定价 29.00 元

版权所有 盗版必究

举报电话：010-62228771

本社图书如存在印装质量问题请与本社联系调换

获取新书信息、投稿、为图书纠错，请扫码联系我们。

全国高职高专院校“十三五”医疗器械规划教材

出版说明

为深入贯彻落实《国家职业教育改革实施方案》和《关于推进高等职业教育改革创新引领职业教育科学发展的若干意见》等文件精神,不断推动职业教育教学改革,推进信息技术与职业教育融合,规范和提高我国高职高专院校医疗器械类专业教学质量，满足行业人才培养需求，在教育部、国家药品监督管理局的领导和支持下，在全国食品药品职业教育教学指导委员会医疗器械专业委员会主任委员、上海健康医学院唐红梅等专家的指导和顶层设计下，中国医药科技出版社组织全国70余所高职高专院校及其附属医疗机构150余名专家、教师精心编撰了全国高职高专院校“十三五”医疗器械规划教材，该套教材即将付梓出版。

本套教材包括高职高专院校医疗器械类专业理论课程主干教材共计10门，主要供医疗器械相关专业教学使用。

本套教材定位清晰、特色鲜明，主要体现在以下方面。

一、编写定位准确，体现职教特色

教材编写专业定位准确，职教特色鲜明，突出高职教材的应用性、适用性、指导性和创造性。教材编写以高职高专医疗器械类专业的人才培养目标为导向，以职业能力的培养为根本，融传授知识、培养能力、提高素质为一体，突出了“能力本位”和“就业导向”的特色，重视培养学生创新、获取信息及终身学习的能力，满足培养高素质技术技能型人才的需要。

二、坚持产教融合，校企双元开发

强化行业指导、企业参与，广泛调动社会力量参与教材建设，鼓励“双元”合作开发教材，注重吸收行业企业技术人员、能工巧匠等深入参与教材编写。教材内容紧密结合行业发展新趋势和新时代行业用人需求，及时吸收产业发展的新技术、新工艺、新规范，满足医疗器械行业岗位培养需求，对接行业岗位技能要求，为学生后续发展奠定必要的基础。

三、遵循教材规律，注重“三基”“五性”

遵循教材编写的规律，坚持理论知识“必需、够用”为度的原则，体现“三基”“五性”“三特定”的特征。结合高职高专教育模式发展中的多样性，在充分体现科学性、思想性、先进性的基础上，教材建设考虑了其全国范围的代表性和适用性，兼顾不同院校学生的需求，满足多数院校的教学需要。

四、创新编写模式，强化实践技能

在保持教材主体完整的基础上，设置“知识目标”“能力目标”“案例导入”“拓展阅读”“习题”等模块，以培养学生的自学能力、分析能力、实践能力、综合应用能力和创新能力，增强教材的实用性和可读性。教材内容真正体现医疗器械临床应用实际，紧跟学科和临床发展步伐，凸显科学性和先进性。

五、配套增值服务，丰富教学资源

全套教材为书网融合教材，即纸质教材有机融合数字教材、教学配套资源、题库系统、数字化教学服务。通过“一书一码”的强关联，为读者提供全免费增值服务。按教材封底的提示激活教材后，读者可通过电脑、手机阅读电子教材和配套课程资源（PPT、微课、视频、图片等），并可在线进行同步练习，实时获取答案和解析。同时，读者也可以直接扫描书中二维码，阅读与教材内容相关联的课程资源，从而丰富学习体验，使学习更便捷。教师可通过电脑在线创建课程，与学生互动，开展布置和批改作业、在线组织考试、讨论与答疑等教学活动，学生通过电脑、手机均可实现在线作业、在线考试，提升学习效率，使教与学更轻松。

编写出版本套高质量的全国高职高专院校医疗器械类专业规划教材，得到了行业知名专家的精心指导和各有关院校领导与编者的大力支持，在此一并表示衷心感谢！2020年新型冠状病毒肺炎疫情突如其来，本套教材很多编委都奋战在抗疫一线，在这种情况下，他们克服重重困难，按时保质保量完稿，在此我们再次向他们表达深深的敬意和谢意！

希望本套教材的出版，能受到广大师生的欢迎，并在教学中积极使用和提出宝贵意见，以便修订完善，共同打造精品教材，为促进我国高职高专院校医疗器械类专业教育教学改革和人才培养做出积极贡献。

全国高职高专院校“十三五”医疗器械规划教材

建设指导委员会

主 任 委 员　唐红梅（上海健康医学院）

副主任委员（以姓氏笔画为序）

任文霞（浙江医药高等专科学校）

李松涛（山东医药技师学院）

张　晖（山东药品食品职业学院）

徐小萍（上海健康医学院）

虢剑波（湖南食品药品职业学院）

委　　　员（以姓氏笔画为序）

于天明（山东药品食品职业学院）

王华丽（山东药品食品职业学院）

王学亮（山东药品食品职业学院）

毛　伟（浙江医药高等专科学校）

朱　璇（江苏卫生健康职业学院）

朱国民（浙江医药高等专科学校）

刘虔铖（广东食品药品职业学院）

孙传聪（山东药品食品职业学院）

孙志军（山东医学高等专科学校）

李加荣（安徽医科大学第二附属医院）

吴美香（湖南食品药品职业学院）

张　倩（辽宁医药职业学院）

张洪运（山东药品食品职业学院）
陈文山（福建卫生职业技术学院）
周雪峻［江苏联合职业技术学院南京卫生分院（南京卫生学校）］
胡亚荣（广东食品药品职业学院）
胡良惠（湖南食品药品职业学院）
钟伟雄（福建卫生职业技术学院）
郭永新［山东第一医科大学（山东省医学科学院）］
唐　睿（山东药品食品职业学院）
阎华国（山东药品食品职业学院）
彭胜华（广东食品药品职业学院）
蒋冬贵（湖南食品药品职业学院）
翟树林（山东医药技师学院）

数字化教材编委会

主　编　张洪运　朱　璇

副主编　曹　彦　王世刚　杨卫东

编　者　（以姓氏笔画为序）

王　婷（重庆医药高等专科学校）

王广昆（山东药品食品职业学院）

王世刚［山东第一医科大学（山东省医学科学院）］

朱　璇（江苏卫生健康职业学院）

杨卫东（浙江医药高等专科学校）

张洪运（山东药品食品职业学院）

金志平（江西省医药技师学院）

祝寻寻（江苏省徐州医药高等职业学校）

曹　彦（安徽医学高等专科学校）

焦扬松（毕节医学高等专科学校）

前言

QIANYAN

电工技术应用是一门实践性很强的专业基础课，其理论与技能是从事工业生产的技术人员所不可缺少的。按照教育部对高职高专学生的培养要求，本教材编写以应用为目的，突出理论与实践相结合。在每一章开始都以实际的工程案例导入，在每一章最后都编写了实践项目，强化学生学以致用的意识，培养学生的实践技能。本书编写加入了医药行业常用设备的电气线路分析内容及装配调试项目，旨在培养医疗器械行业需要的合格人才。

本教材是由全国九所本科和专科院校的教师共同编写而成，是在多年的医药行业教学实践经验的基础上，广泛调研了医疗器械类企业设备的操作、装配、维修维护和售后服务等岗位对技术人员的电工技能要求后编写的具有医疗器械行业特色的理实一体化电工技术应用教材。本教材共包含五章，分别是直流电路、正弦交流电路、三相电路、电动机、常用低压电器及基本控制电路。本教材为书网融合教材，即纸质教材有机融合电子教材、教学配套资源（PPT、微课、视频等）、题库系统、数字化教学服务（在线教学、在线作业、在线考试）。内容充分体现高职教学特点，以理论够用、项目驱动、注重培养实践能力为出发点，力求接近生产实际，体现教学内容的实用性和先进性。

本教材由张洪运、朱璇担任主编，全书编写分工如下：第一章由曹彦、祝寻寻编写；第二章由王世刚、王婷编写；第三章由杨卫东、金志平编写；第四章由朱璇、焦扬松编写；第五章由张洪运、王广昆编写。张洪运对本教材的编写思路进行了总体策划并负责全书统稿，朱璇负责对数字化教学资源进行整理统稿。

本教材在编写过程中得到了许多省份重点医疗器械企业技术人员的大力支持，并对书稿编写提出了许多建设性的意见和建议，在此一并表示诚挚的谢意。

由于时间仓促，受编者水平和经验所限，书中难免有疏漏和不足之处，恳请广大读者批评指正，以便进一步修订、完善。

编　者

2020年4月

目录

MULU

第一章　直流电路

知识目标

1.掌握　电路的基本概念与基本定律；电压和电流的参考方向；基尔霍夫定律、电源的工作状态以及电路中电位的概念及计算。

2.熟悉　电路模型；电路的连接方式；支路电流、电压的约束方程；基尔霍夫定律的应用；电源的等效变换；叠加定理、戴维南定理和诺顿定理的应用。

3.了解　电路的基本知识；电流、电压、电功率的基本概念；电气设备额定值的意义；电压源与电流源的特性；支路电流法、节点电压法的分析方法和适用对象。

能力目标

1.学会　元件在u、i关联方向下建立的支路电流电压约束方程（欧姆定律）；运用基尔霍夫定律列出KCL、KVL方程；求电路中任一支路的电流和任两点之间的电压。

2.具备　读懂简单电路图并正确连接安装电路的能力；能使用直流仪表进行电路的测量及定律验证的能力。

案例讨论

案例　手电筒是日常生活中最常用的照明工具，手电筒电路就是一个最简单的实际电路，如图1-1所示。

讨论　1.手电筒中的灯泡为何能点亮？

2.各个元件的数值是多少？它又是怎样工作的呢？

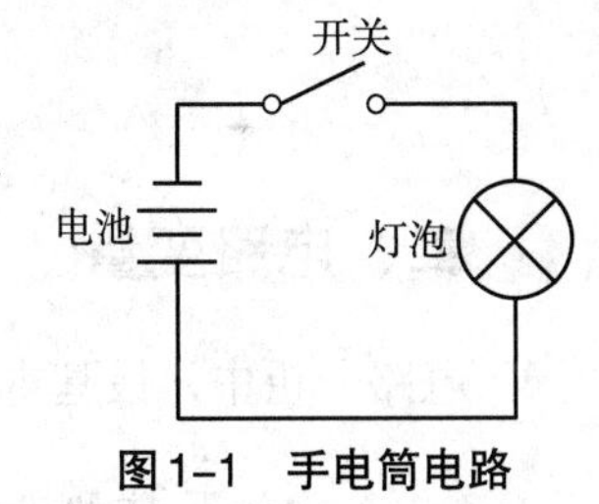

图1-1　手电筒电路

第一节　电路的基本概念

日常生活和工作中，人们会遇到各种各样的电路，如照明电路、收音机中选取所需电台的调谐电路、电视机中的放大电路、家用电器中的电路，以及生活、生产和科研中各种专门用途的电路等。

一、电路及电路模型

电路（circuit）是电流的通路，它是为了某种需要由某些电工设备或元器件按一定方式连接起来的闭合整体，它提供电流流通的路径。

电路由电源、负载、中间环节三部分组成。电源是把其他形式的能量转换为电能的装置，例如，发电机将机械能转换为电能；负载是取用电能的装置，它把电能转换为其他形式的能量，例如，电动机将电能转换为机械能，电热炉将电能转换为热能，电灯将电能转换为光能；导线和开

关等中间环节用来连接电源和负载，为电流提供通路，把电源的能量供给负载，并根据负载需要接通和断开电路。

电路的结构形式和所能完成的任务是多种多样的，其主要的功能和作用有两类。第一类功能是进行能量的传输和转换，常用于电力用电系统；第二类功能是进行信号的传递与处理，比如倒车雷达系统、烟雾报警系统。不论电能的传输和转换，或者信号的传递和处理，其中电源或信号源的电压或电流称为激励，它推动电路工作；由激励在电路各部分产生的电压和电流称为响应。所谓电路分析，就是在已知电路的结构和元器件参数的条件下，讨论电路的激励与响应之间的关系。

构成电路的常用元器件有电阻、电容、电感、半导体器件、变压器、电动机、电池等，这些实际元器件在工作时的电磁特性往往十分复杂，不是单一作用的。例如，一个白炽灯在通电时，除具有消耗电能（即电阻性质）外，还会产生磁场（具有电感性质），由于电感很小，可以忽略不计，于是可认为是一电阻元件。可见，在分析和计算电路时，如果要考虑一个器件所有的电磁性质，将是十分困难的，为此，用一些理想电路元器件（或相应组合）来代表实际元器件的主要外部特性，这种元件是一种用数学关系描述实际器件基本物理规律的数学模型，称之为理想元件，简称元件。

这种用理想电路元器件来代替实际电路元器件构成的电路称为电路模型，简称电路。用特定的符号表示实际电路元件而连接成的图形叫电路图。之后所分析的都是指电路模型，简称电路。在电路图中，各种电路元器件都是理想元件，用规定的图形符号表示，如图1–2所示。

图1–2 理想电路元件的图形与符号

二、电路变量

电路分析中，最基本的物理量有电流（I）、电压（U）、电位（V）、电功率（P）。

（一）电流及其参考方向

1. 电流的概述 人们把带电的粒子（微粒）称为电荷，而电荷的定向移动形成电流。通常情况下，带电粒子做无规律的杂乱运动，例如金属导体中的自由电子杂乱无章的热运动，由于内部电荷的运动总体上体现不出方向，因此不能构成电流。但是在一定条件下（如处在电场中时就会受到电场力的作用）这些电荷会做定向移动，这样就构成了电流。

把单位时间内通过导体横截面的电荷量定义为电流强度，简称电流，用（i）表示，即

$$i = \frac{\mathrm{d}q}{\mathrm{d}t} \tag{1-1}$$

式中，通过导体横截面的电荷量为q，若电流强度不随时间变化，即$\frac{\mathrm{d}q}{\mathrm{d}t}$为常数，这时的电路是直流电路，电流是直流电流，用大写字母I表示，式（1–1）可以写成

$$I = \frac{q}{t} \tag{1-2}$$

在国际计量单位中，电荷量q的单位为库仑，用C表示；时间t的单位为秒，用s表示；电流i单位为安培（简称安），用A表示，在实际应用中，有时也用到较大一点的单位，如千安（kA）；

较小的单位如毫安（mA）、微安（μA），这些单位之间的换算如下。

$$1\text{kA} = 1000\text{A}，1\text{A} = 1000\text{mA}，1\text{mA} = 1000\mu\text{A}$$

2.电流的参考方向　图1-3是最简单的直流电阻电路，其中U和R_s分别为电源的电压、内阻，R为负载电阻。当将开关闭合后，在分析电路时必须在电路图上用箭头标注或用“+”“-”来标出它们的方向或极性，才能正确列出电路方程。

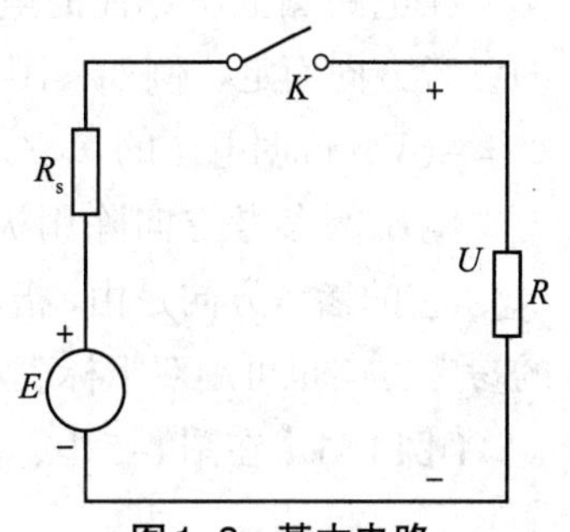

图1-3　基本电路

关于电流的方向，有实际方向和参考方向之分，要加以区别。

习惯上规定正电荷运动的方向为电流的实际方向，在任何一个电路中，电流的实际方向是客观存在的。但在分析较为复杂的直流电路时，往往难以事先判断某支路中电流的实际方向；对交流电路来讲，其方向随时间而变，在电路图上也无法用一个箭标来表示它的实际方向。为此，在分析与计算电路时，常可任意选定某一方向作为电流的参考方向，或称为正方向。所选电流的参考方向并不一定与电流的实际方向一致。当电流的实际方向与其参考方向一致时，则电流为正值；反之，当电流的实际方向与其参考方向相反时，则电流为负值。

因此，在分析电路前，必须先选定参考方向，在参考方向选定之后，电流值才有正负之分。

如图1-4（a）所示，电流的参考方向与实际方向一致，电流取正值，$I>0$，如图1-4（b）所示，电流的参考方向与实际方向不一致即相反时，电流取负值，$I<0$。这样，在电路计算时，只要选定了参考方向，并算出电流值，就可根据其值的正负来判断其实际方向了。

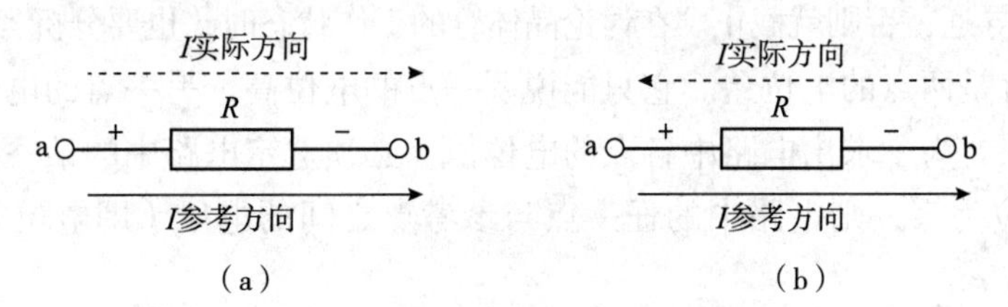

图1-4　电流的参考方向与实际方向

（二）电压及其参考方向

1.电压的概述　电压是衡量电场力推动电荷运动，对电荷做功能力大小的物理量。直流电路中a、b两点之间的电压大小在数值上等于电场力把单位正电荷从a点移到b点所做的功。电压是电路中产生电流的根本原因，其数学表达式为

$$U_{ab} = \frac{dW}{dq} = V_a - V_b \tag{1-3}$$

在国际单位制中，U表示电压，单位为伏特（用V表示）。在实际应用中，电压经常还会用到较大一点的单位，即千伏（kV），以及较小的单位如毫伏（mV）和微伏（μV），它们之间的换算关系如下：

$$1\text{kV} = 1000\text{V}，1\text{V} = 1000\text{mV}，1\text{mV} = 1000\mu\text{V}$$

2.电压的参考方向　为了更方便地分析实际电路，将电路中电压的实际方向规定为：由高电位（“+”极性）端指向低电位（“-”极性）端，即电场力作用下正电荷移动的方向（电位降低的方向）。

在实际处理时，有的电路可能很难一下确定两点间电压的实际方向。在这种情况下可以根据

需要任意选定某一方向为电压的参考方向，当计算结果电压的数值为正时，表明其实际方向与参考方向一致；数值为负时，则实际方向与参考方向相反。

在电路图上所标注的电流、电压方向，一般都是参考方向，它们是正值还是负值，视选定的参考方向而定。例如在图1-5中，U_2=3V，说明电压U的参考方向与实际方向一致，故为正值；U_1 = -6V，说明电压的参考方向与实际方向相反，故为负值。

电压的参考方向除用极性“+”“-”表示外，也可用双下标表示。例如a、b两点间的电压U_{ab}，它的参考方向是由a指向b，也就是说a点的参考极性为“+”，b点的参考极性为“-”。电流的参考方向也可用双下标表示。

【**例1-1**】在图1-5中，U_1 =-6V，U_2 =3V，试问U_{ab}等于多少伏？

图1-5 例1-1电路

解：

$$U_{ab} = U_1 - U_2 = -6 - 3 = -9\text{V}$$

（三）电位

在分析电子电路时，通常要应用电位这个概念。譬如对二极管来说，只有当它的阳极电位高于阴极电位时，二极管才导通；否则就截止。在讨论晶体管的工作状态时，也要分析各个极的电位高低。

两点间的电压就是两点的电位差。它只能说明一点的电位高，另一点的电位低；以及两点的电位相差多少的问题。为了求出电路中各点的电位值，必须选定电路中的某一点作为参考点，并且规定参考点的电位为零，则电路中的任一点与参考点之间的电压（即电位差）就是该点的电位，即$U_{ab} = V_a - V_b$。

参考点在电路图中标上“接地”符号“⊥”。所谓“接地”，并非真与大地相接。

如将图1-6电路中的b点“接地”，作为参考点，则

$$V_b = 0\text{V}，V_a = 6\text{V}，V_c = 3\text{V}$$

反之，如将a点作为参考点，则

$$V_b = -6\text{V}，V_a = 0\text{V}，V_c = -3\text{V}$$

可见，某电路中任意两点间的电压值是一定的，是绝对的；而各点的电位值因所设参考点的不同而有异，是相对的。

图1-6也可简化为图1-7所示的电路，不画电源（省略电源接地部分），各端标以电位值。

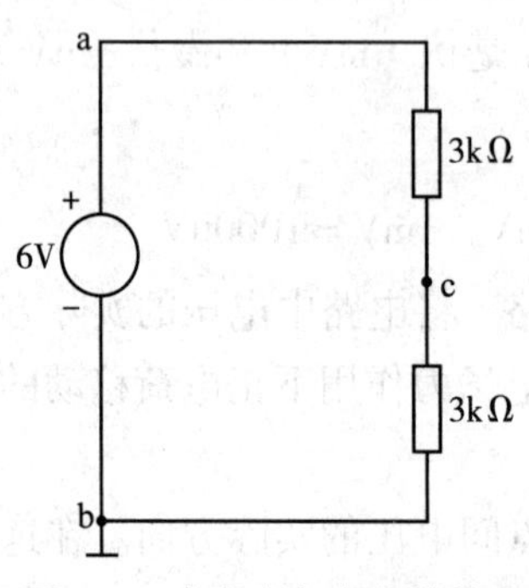

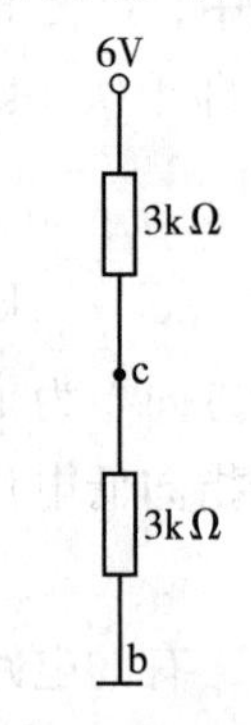

医药大学堂 WWW.YIYAODXT.COM

图1-6 参考点与电位的关系　　**图1-7 简化电路**

（四）电动势与功率

1.电动势　在电源内部有种局外力（非静电力），将正电荷由低电位处沿电源内部移向高电位处（如电池中的局外力是由电解液和金属极板间的化学作用产生的）。由于局外力而使电源两端具有的电位差称为电动势，并规定电动势的实际方向是由低电位端指向高电位端。把电位高的一端叫正极，电位低的一端叫负极，则电动势的实际方向规定在电源内部从负极到正极，因此在电动势的方向上电位是逐点升高的。电动势在数值上等于局外力把正电荷从负极板搬运到正极板所做的功。电路系统是一个能量转换的系统，电荷通过电源内部时获得能量，再通过外电路将电能输送给外电路中的负载。

电动势的单位和电位、电压的单位完全一致，也用伏特V表示。它们具有相同的量纲，但是却有本质的区别。电动势是一个描述电源的物理量，针对一个电源而言，它可以离开电路独立存在；而电压是电路中的一个变量，在所处的电路中随电路参数的变化而变化。

2.功率　在直流电路中，根据电压的定义，电场力所做的功是$W=QU$。把单位时间内电场力所做的功（单位时间内电能的变化率）称为电功率，简称为功率，并用字符p表示，其数学定义可表示为：

$$p = \frac{dW}{dq} \tag{1-4}$$

在分析电路时，一般更关注功率与电流、电压之间的关系。为了便于分析与计算，往往把一段电路（或部分）的电流与电压的参考方向取得一致，这样所取的电压、电流参考方向称为关联参考方向。此时这段电路功率为：

$$p = ui \tag{1-5}$$

直流电路中，由于电路中电压与电流均是恒定的，因此功率计算公式可以写成以下形式：

$$P = UI \tag{1-6}$$

可见，对于一个元件、一段电路、一条支路或者一端口网络，其消耗（或吸收）的功率等于作用在其上电压与电流的乘积。

3.额定值　通常负载（例如电灯、电动机等）都是并联运行的。因为电源的端电压是基本不变的，所以负载两端的电压也是基本不变的。因此当负载增加（例如并联的负载数目增加）时，负载所取用的总电流和总功率都增加，即电源输出的功率和电流都相应增加。就是说，电源输出的功率和电流决定了负载的大小。

既然电源输出的功率和电流决定了负载的大小，是可大可小的；那有没有一个最合适的数值呢？对负载而言，它的电压、电流和功率又是怎样确定的呢？要回答这个问题，就要引出额定值这个术语。

各种电气设备的电压、电流和功率都有一个额定值。例如一盏电灯的电压是220V，功率是60W，这就是它的额定值。额定值是制造厂为了使产品能在给定的工作条件下正常运行而规定的正常允许值。大多数电气设备（例如电机、变压器等）的寿命与绝缘材料的耐热性能及绝缘强度有关。当电流超过额定值过多时，由于发热过甚，绝缘材料将遭受损坏；当所加电压超过额定值过多时，绝缘材料也可能被击穿。反之，如果电压和电流远低于其额定值，不仅得不到正常合理的工作情况，而且也不能充分利用设备的能力。此外，对电灯及各种电阻器来说，当电压过高或电流过大时，其灯丝或电阻丝也将被烧毁。

因此，电气设备的额定值是根据设计、材料及制造工艺等因素，由制造厂家给出的设备各项性能指标和技术数据。按照额定值使用电气设备时，既安全可靠，又经济合理，特别要保证设备的工作温度不超过规定的允许值。电气设备的额定值，通常有如下几项。

（1）额定电流（I_N） 电气设备长时间运行以致稳定温度达到最高允许温度时的电流，称为额定电流。

（2）额定电压（U_N） 为了限制电气设备的电流并考虑绝缘材料的绝缘性能等因素，允许加在电气化设备上的电压限值，称为额定电压。

（3）额定功率（P_N） 在直流电路中，额定电压与额定电流的乘积就是额定功率，即

$$P_N = U_N I_N \tag{1-7}$$

电气设备的额定值都标在铭牌上，使用时必须遵守。例如，一盏日光灯，标有“220V，60W”的字样，表示该灯在220V电压下使用，消耗功率为60W，若将该灯泡接在380V的电源上，则会因电流过大将灯丝烧毁；反之，若电源电压低于额定值，虽能发光，但灯光暗淡。

对于白炽灯、电炉之类的用电设备，只要在额定电压下使用，其电流和功率都将达到额定值。但是对于另一类电气设备，如电动机、变压器等，即使在额定电压下工作，电流和功率可能达不到额定值，也可能在额定电压下工作，但还是存在着电流和功率超过额定值（称为过载）的可能性，这在使用时是该注意的。

使用元器件时，电压、电流和功率的实际值不一定等于它们的额定值，这也是一个重要的概念。

【例1-2】一只标“220V，40W”的灯泡，试求它在额定工作条件下通过灯泡的电流及灯泡的电阻。若每天使用6小时，问一个月消耗多少度的电能？（一个月按30天计算）

解：

$$I = \frac{P}{U} = \frac{40}{220} = 0.182(\mathrm{A})$$

$$R = \frac{U^2}{P} = \frac{220 \times 220}{40} = 1210(\Omega) \text{ 或者 } R = \frac{U}{I} = \frac{220}{0.182} \approx 1209(\Omega)$$

$$W = Pt = 40 \times 6 \times 30 = 7.2(\mathrm{kW \cdot h})$$

即一个月消耗7.2度电能。

【例1-3】有一额定值为1W/100Ω的碳膜电阻，其额定电流为多少？在使用时电压不得超过多大的数值？

解：根据已知的瓦数和欧姆值，可以求出额定电流

$$I = \sqrt{\frac{P}{R}} = \sqrt{\frac{1}{100}} = 0.1\mathrm{A}$$

在使用时电压不得超过

$$U = IR = 0.1 \times 100 = 10\mathrm{V}$$

因此，在选用元件时不能只提出欧姆数，还要考虑电流有多大，而后提出瓦数。

三、电路元件

（一）电阻元件

当打开收音机、录音机或电视机的机盖时，可以看到密密麻麻的电子元件，其中为数最多的

是一种两端出线的圆柱形小棒，它们当中细的有如火柴梗，粗的有如小鞭炮，这就是组成电子电路的主要元件——电阻器，电阻实物如图1-8所示。

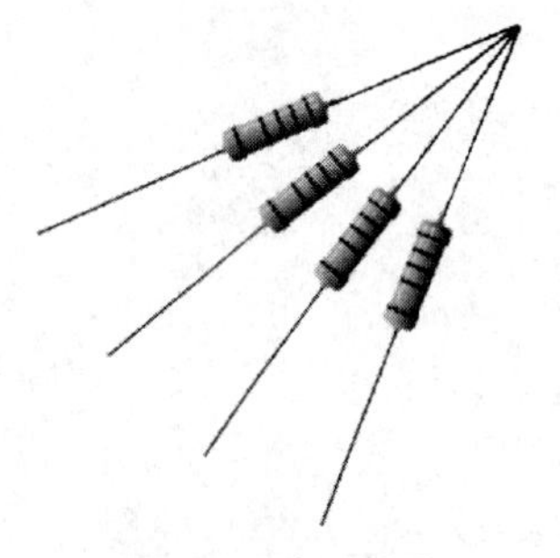
图1-8 电阻实物

电阻器是利用具有电阻特性的金属或非金属材料制成的、便于使用安装的电子元件。它在电路中的用途是阻碍电流通过。电荷在导体中定向移动形成电流，电荷在移动过程中相互之间以及与其他微粒发生碰撞，从而阻碍电荷的移动，表现出对电荷移动的“阻碍”作用，这种性质称为“电阻”。通常人们讲某个元件是电阻，实际上有两层含义，其一是指该元件具有“电阻”的性质，其二则是指元件本身是一个电阻器。

电阻的英文名为resistance，通常缩写为R，它是导体的一种基本性质。不同材料、不同尺寸和不同温度的导体对电流的阻碍作用不相同，可以利用材料的这种性质制成各式各样的“电阻器”。具体说电阻器在电气装置中的作用，大致可以归纳为降低电压、分配电压、限制电路电流、向各种电子元器件提供必要的工作条件（电压或电流）等几种功能。例如日常生活中使用的电炉，其发热丝就是用导体绕制而成的“电阻器”，电炉直接利用电阻的电流热效应来工作。电阻对电流的阻碍作用是可以量化的，在国际单位制中，它的量化单位是“欧姆”，用符号“Ω”表示。

一段导体的电阻大小与导体本身的长度成正比，与截面积成反比，并与导体材料性质有关。材质均匀一致的导体，其电阻的数学表达式为：

$$R = \rho \frac{L}{S} \tag{1-8}$$

式（1-8）也称电阻定律，若电阻R的单位为Ω，导体长度L的单位为m，导体截面积S的单位为m^2，那么电阻率p的单位为Ω·m。

在实际应用中，白炽灯、电烙铁等电热电器，它们是以消耗电能而发热或发光为主要特征的电路器件，在电路模型中都可以用电阻元件来表示。其电路图形符号如图1-2所示。

电阻器按其结构可分为：固定电阻、半可调电阻、可变电阻和特殊性能的电阻。固定电阻的电阻值是固定的，种类很多，在电子产品中，以固定电阻应用最多。半可调电阻的阻值可以在一定范围内调整（但这种调整不应过于频繁），例如需要偶尔调整的晶体管偏流电阻或滤波电阻等。电位器实际上是可变电阻，它用于电路中经常改变电阻的位置，如电视机的亮度、对比度调节，收音机的音量控制等。除了大量采用的一般电阻器之外，还有一些具有特殊性能的电阻，如随着温度升高阻值会迅速增加的NTC热敏电阻；受到光照阻值减小的光敏电阻；阻值随湿度增加而减小的湿敏电阻等。

电阻R的单位用“Ω”表示，在实际应用中，电阻还用到大一些的单位，如kΩ（千欧）和MΩ（兆欧），它们之间的换算关系如下：

$$1M\Omega = 1000k\Omega = 1000 \times 10^3\Omega$$

在电路中，电阻的连接形式是多种多样的，其中最简单和最常用的是串联与并联。

1.电阻的串联 几个电阻首尾相连，各电阻流过同一电流的连接方式，称为电阻的串联，电阻串联的电路如图1-9（a）所示，两个电阻构成串联电阻。

两个串联电阻可用一个等效电阻R来代替，如图1-9（b）所示，等效的条件是在同一电压U的作用下电流I保持不变。等效电阻等于各个串联电阻之和，即：

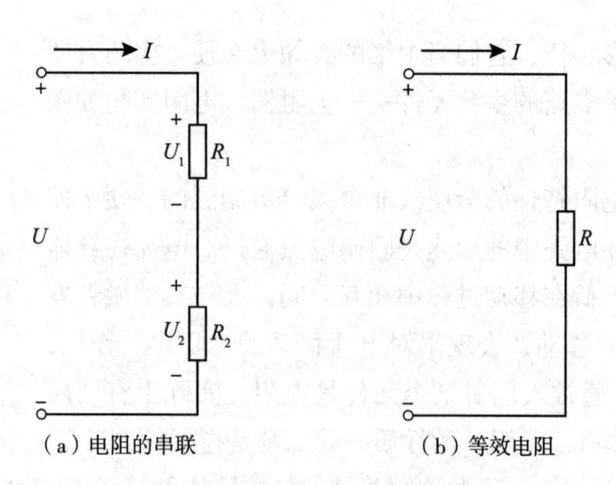

图1-9　电阻的串联及等效电路

$$R = R_1 + R_2 \tag{1-9}$$

等效是对外电路的等效，即等效前后的电路的外部特性不发生任何变化。

两个串联电阻上的电压分别为：

$$\left.\begin{aligned} U_1 = IR_1 = \frac{R_1}{R_1 + R_2}U \\ U_2 = IR_2 = \frac{R_2}{R_1 + R_2}U \end{aligned}\right\} \tag{1-10}$$

可见，串联电路中各电阻上电压的分配与其阻值成正比。当其中某个电阻较其他电阻小很多时，在它两端的电压也较其他电阻上的电压低很多，因此，这个电阻的分压作用常可忽略不计。

电阻串联的应用很多。譬如在负载的额定电压低于电源电压的情况下，通常需要与负载串联一个电阻，以降落一部分电压。如果需要调节电路中的电流时，一般也可以在电路中串联一个变阻器来进行调节。

2.电阻的并联　几个电阻首尾分别连接在两个节点上，每个电阻两端电压都相同的连接方式，称为电阻的并联，电路如图1-10（a）所示，两个电阻构成并联电阻。两个并联电阻可用一个等效电阻R来代替，如图1-10（b）所示，等效电阻的倒数等于各个并联电阻的倒数之和，即：

$$\frac{1}{R} = \frac{1}{R_1} + \frac{1}{R_2}\left(R = \frac{R_1 \cdot R_2}{R_1 + R_2} \right) \tag{1-11}$$

两个并联电阻上的电流分别为：

$$\left.\begin{aligned} I_1 = \frac{U}{R_1} = \frac{R_2}{R_1 + R_2}I \\ I_2 = \frac{U}{R_2} = \frac{R_1}{R_1 + R_2}I \end{aligned}\right\} \tag{1-12}$$

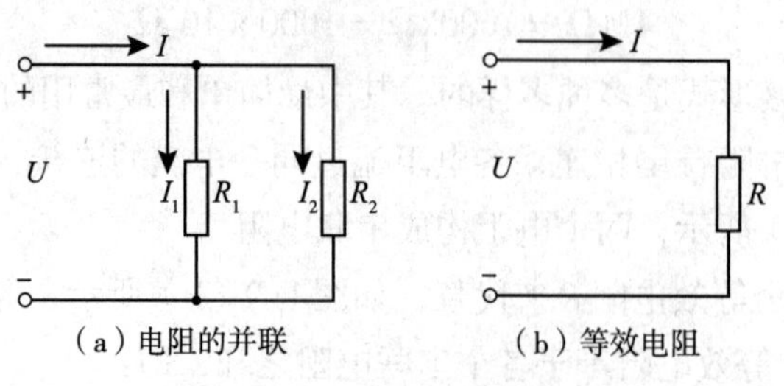

图1-10　电阻的并联及等效电路

可见，并联电阻上电流的分配与电阻成反比。当其中某个电阻较其他电阻大很多时，通过它的电流就较其他电阻上的电流小很多，因此，这个电阻的分流作用常可忽略不计。

一般负载都是并联运用的。负载并联运用时，它们处于同一电压之下，任何一个负载的工作情况基本上不受其他负载的影响。

3.电阻串并联的等效变换 电阻的连接既有串联又有并联时，称为电阻的混联。这种电路在实际工作中应用广泛，形式多种多样，对此类混联电路的简化方法是将串联部分和并联部分分别求出其等效电阻，直到将原电路简化为一个电阻元件。

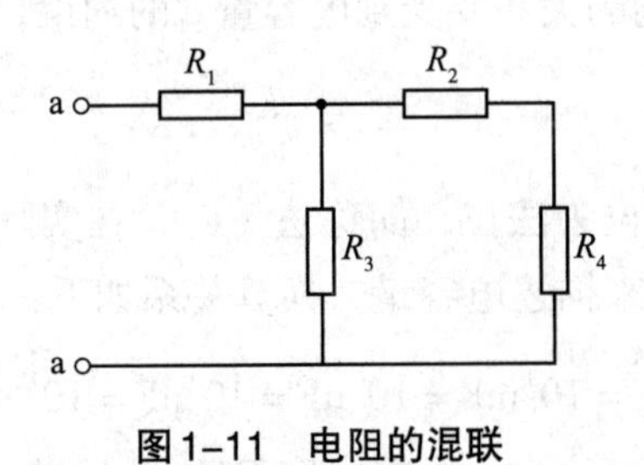

图1-11 电阻的混联

如图1-11所示的混联电路中，可以看出各个电阻之间的串并联关系，并可求出ab两端的等效电阻R_{ab}为

$$R_{ab} = R_1 + \frac{R_3 \times (R_2 + R_4)}{R_3 + (R_2 + R_4)}$$

（二）电容元件

电容器是家用电器中主要元器件之一，和电阻器一样几乎每种电子电路中都离不开它。由于它的用途不同、结构不同、材料不同，所以其品种规格也很多。

电容器是由两个金属极板中间隔以介质（如云母、空气、绝缘纸或者电解质等）构成。当在两个金属极板间加上电压时，电极上就会贮存电荷。电容器具有阻止直流电流通过，而允许交流电流通过的特点，因此电容器在电路中常用于隔离直流电压、滤除交流信号及信号调谐等方面。电容器品种繁多，但它们的基本结构和原理是相同的（图1-12）。

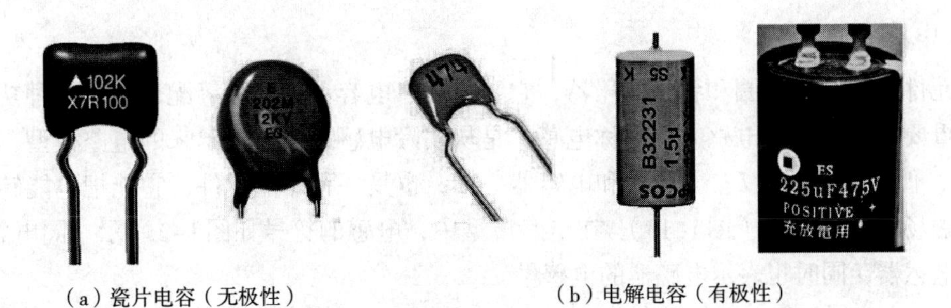

（a）瓷片电容（无极性） （b）电解电容（有极性）

图1-12 电容实物

电容是电容器的简称，顾名思义，电容器就是“容纳电荷的容器”，它实际是一种储存电能的元件，简称为储能元件，电容符号如图1-2所示。不同的电容器储存电荷的能力不相同，在电路中的作用也不相同。电容器按其结构可分为三大类：固定电容器、可变电容器和微调（或称半可调）电容器。电容器的电性能、结构和用途在很大程度上取决于所用的电介质，按电介质分类有：有机介质电容器、无机介质电容器、电解电容器、液体介质（例如油介质）电容器和气体介质电容器等。

电容的英文名为capacitance，通常缩写为C。C不但表示电容器，同时也表示电容器的电容量。同电阻一样，电容器的电容量是可以量化的，电容量大小与电容器的结构与介电常数有关。对于平板电容器的电容量计算有以下数学公式：

$$C = \frac{\varepsilon S}{d} \tag{1-13}$$

式（1–13）中，电容C与介电常数ε成正比，与正对面积S成正比，与两金属板间的距离d成反比。若电容C的单位为F，面积S的单位为m^2，距离d的单位为m，那么介电常数ε的单位为F/m。

电荷量q与极板间电压u之间的关系要受到电容量C的约束，它们之间的关系为：

$$C = \frac{q}{u} \tag{1-14}$$

在国际单位制中，电容的单位为法拉，简称法（F），在实际电路中通常用毫法（mF）、微法（μF）、纳法（nF）、皮法（pF）来描述电容量，换算关系如下：

$$1\text{F} = 10^3\text{mF} = 10^6\mu\text{F} = 10^9\text{nF} = 10^{12}\text{pF}$$

当电容两极板间的电压发生变化时，根据电容C的公式可知，电容器上存储的电荷量也发生变化，而电荷量的变化必定引起电荷的定向移动，这就形成了电流，在电容两端电压u与流过电流i为关联参考方向的前提下，关系式为：

$$i = \frac{\mathrm{d}q}{\mathrm{d}t} = C\frac{\mathrm{d}u}{\mathrm{d}t} \tag{1-15}$$

由上式可知，电容元件上通过的电流，与元件两端的电压相对时间的变化率成正比。只有当电容元件两端电压发生变化时，电容元件中才有电流通过，因此，电容元件称为动态元件。当$i>0$时，电容上的电荷量和电压都将增加，这就是电容充电的过程；当$i<0$时，电容上的电荷量和电压都将减小，这就是电容的放电过程。显然，电容在充放电过程中，在电路中形成了电流。

在直流电路中，电路达到稳定状态，电路中的电流与电压不再发生变化，电容两端电压保持不变，$\frac{\mathrm{d}u}{\mathrm{d}t} = 0$，因而通过电容的电流为零，相当于电容所在的支路断开，这种情况也叫“开路”。可见，电容在直流稳态电路中有“隔直”作用，即隔断直流的作用。

（三）电感元件

电感元件是指电感线圈和各种变压器，它和电阻、电容、晶体管等配合构成各种功能的电子电路，是重要元件之一。电感元件简称电感，是从实际电感线圈抽象出来的电路模型，英文名是inductance，但通常缩写为L。电感器和电容器一样，也是一种储能元件，它能把电能转变为磁场能，并在磁场中储存能量（图1–13）。在电路模型中，电感的符号如图1–2所示。同电容相同，L不但表示电感器，同时也表示电感器的电感量。

图1–13 电感实物

医药大学堂 WWW.YIYAODXT.COM

电感的种类包括：高频电感线圈，空心式及磁棒式天线线圈，低频阻（扼）流圈。高频电感线圈电感量较小，用于高频电路中；收音机、电视机中采用电感线圈最多，收音机中的磁棒线圈就是天线线圈，它和可变电容器共同组成调谐电路；收音机中的振荡线圈用于变频或混频电路，使用时常和磁棒天线线圈或者磁心天线线圈配套。

工矿企业中大量使用的电动机、发电机等，其主要部件是用导线绕制而成的，因此它们在电路中就表现出电感器的性质。

当电感线圈通以电流时，将产生磁通（Φ），在其内部及周围建立磁场，储存磁场能量。当忽略导线电阻及线圈匝与匝之间的电容时，可将其抽象为只具有储存磁场能量性质的电感元件。当线圈的结构确定后，电感上的磁链（ψ）与电流成正比，把磁链（ψ）与电流（i）的比值称为电感线圈的电感L，即：

$$L = \frac{\psi}{i} = \frac{N\Phi}{i} \tag{1-16}$$

在国际单位制中，电感的单位为亨（H），工程上也常采用毫亨（mH）或微亨（μH），即

$$1\mathrm{H} = 10^3\mathrm{mH} = 10^6\mu\mathrm{H}$$

根据电磁感应定律，当电感线圈中的电流i变化时，磁场也随之变化，并在线圈两端产生感应电动势eL，感应电动势的大小与磁通（或磁链）的变化率成正比，方向则始终要阻碍原磁通（或磁链）的变化，感应电压的参考方向与磁通的参考方向符合右螺旋定则，公式为：

$$u = \frac{\mathrm{d}\psi}{\mathrm{d}t} = N\frac{\mathrm{d}\Phi}{\mathrm{d}t} \tag{1-17}$$

当通过电感线圈的电压、电流关联参考方向时，$\psi=Li$，那么有公式：

$$u = L\frac{\mathrm{d}i}{\mathrm{d}t} \tag{1-18}$$

式（1-18）表明，在任一瞬间，电感元件两端的电压大小与该瞬间电流的变化率成正比，而与该瞬间的电流大小无关；当电感元件中流过稳定的直流电流时，即使电流很大，因$\frac{\mathrm{d}i}{\mathrm{d}t}=0$，故$u=0$，这时电感元件相当于短路。反之，电流为零时，电压不一定为零。

由于只有通过电感的电流发生变化时，电感元件两端才会出现电压，因此电感元件也称为动态元件。电感在直流稳态电路中相当于一条导线。

四、电压源、电流源及其等效变换

任何一个电路都离不开电源，电源是电路中产生电流的动力。在生活中，人们也接触过各种各样的电源，如干电池、稳压电源、各种信号源以及日常生活中的交流电源等。一个电源可以用两种不同的电路模型来表示。一种是用理想电压源与电阻串联的电路模型来表示，称为电源的电压源模型；另一种是用理想电流源与电阻并联的电路模型来表示，称为电源的电流源模型。

（一）电压源模型

电池是人们日常使用的一种电源，它有时可以近似地用一个理想电压源来表示。理想压源简称电压源，是一种理想二端元件：其端电压总可以按照给定的规律变化，而与通过它的电流无关。

1. 电压源的特点　常见的电压源有交流电压源和直流电压源，电压源具有以下两个特点。

（1）电压源对外提供的电压总保持定值U_s或者是给定的时间函数，不会因所接的外电路不同

而改变。

（2）通过电压源的电流的大小由外电路决定，随外接电路的不同而不同。

由于实际电源的功率有限，而且存在内阻，因此恒定的电压源是不存在的，它只是理想化模型，只有理论上的意义，需要说明的是，将端电压不相等的电压源并联，是没有意义的。将端电压不为零的电压源短路，也是没有意义的。

理想电压源是一种理想元件，一般实际电源的端电压会随着电流的变化而变化。例如，当干电池接上负载后，通过电压表来测量电池两端的电压，发现其电压会逐渐降低，这是由于电池内部有电阻的缘故。所以，干电池不是现想的电压源。电源内阻的存在会造成电源工作时内部发热（消耗电能）和输出电压下降，因此总是希望电源的内阻越小越好。事实上，电源内阻也是衡量电源性能的重要指标之一。

所谓理想电压源是指电源内阻等于零（即R_0=0）的电压源。理想电压源的电路模型如图1–14（a）所示。一个实际电源，可以用一个电压源U_s与内阻R_0的串联组合来表示，这个模型称为电源的电压源模型，如图1–14（b）所示。

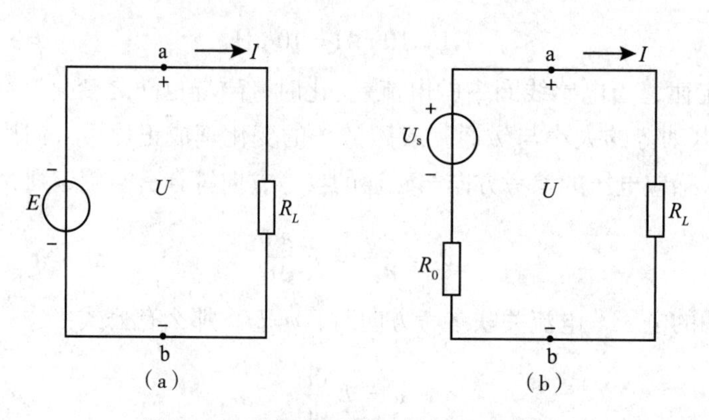

图1–14　理想电压源电路与电压源电路

2. 含实际电压源电路的工作状态

（1）有载　此时$U=U_s-IR_0$。

（2）开路　此时I=0，这时实际电压源的端电压$U=U_s$，称为开路电压U_{oc}。

（3）短路　此时U=0，这时实际电压源的电流$I=U_s/R_0$，称为短路电流I_{sc}。

实际电源的输出电压U与输出电流I之间的关系称为电源的外特性。理想电压源外特性表达为$U=U_s$；可见，其输出电压U是一个与输出电流和外接负载无关的定值，大小等于电源的电动势。由于理想电压源的输出电压是一个常数，因此也称其为恒压源。

在实际生活中理想电压源是不存在的，电压源或多或少存在一定的内阻。讨论恒压源的意义在于现实生活中有些电源的内阻相对负载电阻要小得多，在这种情况下往往将这样的实际电源近似地看成理想电压源而忽略其内阻的存在，这样做有时可以大大简化电路的分析过程，同时又不影响分析计算的精度要求。

人们在实验室经常使用稳压电源，它的电路模型就可以认为是理想电压源模型。干电池不是恒压源，但当干电池外接的负载电阻值远大于干电池内阻时，也可以近似地把它当作恒压源来处理。当实际电源的内阻不能忽略时，它的电路模型就可以看成是恒压源与电阻的串联。

（二）电流源模型

医药大学堂 WWW.YIYAODXT.COM

在电路分析中，除通常用电压源模型来表示实际电源以外，还可以将实际电源表示成为另外一种模型，即电流源模型。理想电流源简称为电流源，电路模型如图1–15（a）所示。电流源是一种理想二端元件：电流源发出的电流总可以按照给定的规律变化，而与其端电压无关。

1. 电流源的特点

（1）电流源向外电路提供的电流总保持定值I_s或者是给定的时间函数，不会因所接的外电路不同而改变。

（2）电流源的端电压的大小由外电路决定，随外接电路的不同而不同。

恒流源是理想化模型，现实中并不存在。实际的恒流源一定有内阻，且功率总是有限的，因而产生的电流不可能完全输出给外电路。

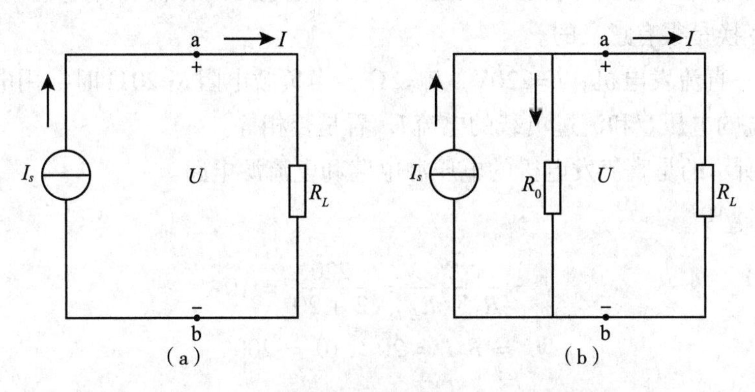

图1-15　理想电流源电路与电流源电路

理想电流源也是一种理想元件，一般实际电源的输出电流是随着端电压的变化而变化的。例如，实际的光电池即使没有与外电路接通，还是有部分电流在内部流动。因此，实际电源可以用一个理想电流源I_S和内阻R_0相并联的模型来表示，这个模型称为实际电源的电流源模型，如图1-15（b）所示。

当实际电流源与外部电路相连时，实际电流源的输出电流I为：

$$I = I_S - \frac{U}{R'_S} \tag{1-19}$$

由式（1-19）可知，R'_S越大，R'_S的分流作用越小，输出电流越大。

2. 含实际电流源电路的工作状态

（1）有载　此时$I=I_S-\frac{U}{R'_S}$。

（2）开路　此时I=0，这时实际电流源的端电压U=$I_SR'_S$，称为开路电压U_{oc}。

（3）短路　此时U=0，这时实际电流源的端电流I=I_S，称为短路电流I_{sc}。

当内阻R_S=∞时，I=I_S，是一恒定值，此时U只与恒流源电流和负载有关。这种电流源称为理想电流源。当R_S远大于R时，电源也可当作恒流源处理，晶体管也可近似地认为是一个理想电流源。

（三）电压源与电流源的等效变换

同一个负载电阻R分别接在电压源模型和电流源模型上，如果产生的结果（负载上的电压、电流值）都相同，那么，对负载电阻而言，这两种电路模型相互间是等效的，可以等效变换。

但是，电压源模型和电流源模型的等效关系只是对外电路而言的，至于对电源内部，则是不等效的。当电压源开路时，I=0，电源内阻R_0上不损耗功率；但当电流源开路时，电源内部仍有电流，内阻R_0上有功率损耗。当电压源和电流源短路时也是这样，但是两者对外电路是等效的（U=0，$I_S=\frac{E}{R_0}$），但电源内部的功率损耗也不一样，电压源有损耗，而电流源无损耗（R_0被短路，

其中不通过电流）。

等效变换关系：将一个电动势为U_S，内阻为R_0的实际电压源等效变换为一个实际电流源时，该实际电流源的内阻依然为R_0，但其电流为$I_S=\frac{U_S}{R_0}$，电流源方向与电压源的电动势方向一致。

将一个实际电流源等效为一个实际电压源时，该实际电压源的内阻依然为R_0，但电动势为$U_S=I_SR_0$。电压源电动势的方向与电流源电流方向一致。

一般情况下，分析一个电路时并不关心电源的表达方式，而是关心如何使分析过程变得简单高效；而选择一种合适的电源的表达方式通常可以简化电路的分析计算过程，从这个角度来说，掌握电源的等效变换是很有意义的。

【例1–4】有一直流发电机，E=220V，R_0=2Ω，当负载电阻R=20Ω时，用电源的两种电路模型分别求负载两端的电压U和流过负载的电流I，看是否相等。

解：图1–16所示的是直流发电机的电压源电路和电流源电路。

在图1–16（a）中

$$I=\frac{E}{R_0+R_L}=\frac{220}{2+20}=10\text{A}$$
$$U=R_LI=20\times10=200\text{V}$$

在图1–16（b）中

$$I=\frac{R_0}{R_0+R_L}I_S=\frac{2}{2+20}\times\frac{220}{2}=10\text{A}$$
$$U=R_LI=20\times10=200\text{V}$$

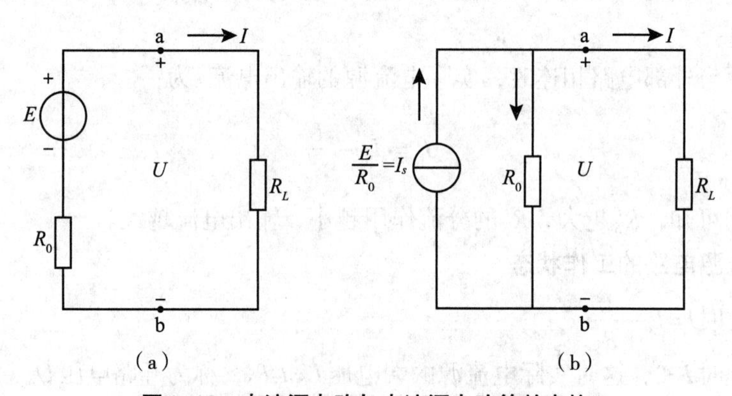

图1–16 电流源电路与电流源电路等效变换

电源的等效互换可推广应用到一般电路。一般不限于内阻R_0，只要一个电动势为E的理想电压源和某个电阻R串联的电路，都可以化为一个电流为I_S的理想电流源和这个电阻并联的电路，两者是等效的，其中

$$I_S=\frac{E}{R}，\text{或者 } E=I_SR \tag{1–20}$$

在分析与计算电路时，也用这种等效变换的方法。

但是电压源与电流源之间的等效，前提条件就是电源的内阻R_0不为零。恒流源与恒压源不能互换，因为恒压源的内阻为零，而恒流源的内阻为无穷大，两种电源的定义本身就是相互矛盾的。

【例1–5】试用电压源与电流源等效变换的方法计算图1–17（a）中1Ω电阻上的电流。

解：根据图1-17的变换次序，最后化简为图1-17（e）所示电路。

由图1-17（e）可得1Ω电阻上的电流：$I = \dfrac{\frac{8}{3}}{1+\frac{8}{3}} \times 4 = \dfrac{32}{11}\text{A}$

在图1-17（b）所示电路中，有一个24V实际电压源与电阻（6Ω，2Ω）串联，当计算电阻R上电流时，图1-17（b）中左边支路就可以看成是一个电压源，而将电阻（6Ω+2Ω=8Ω）看成是该电压源内阻，如图1-17（c）所示；为了需要，将其两个电压源电路分别等效为两个电流源电路，如1-17（d）所示，最后等效变换成一个简单的电路。

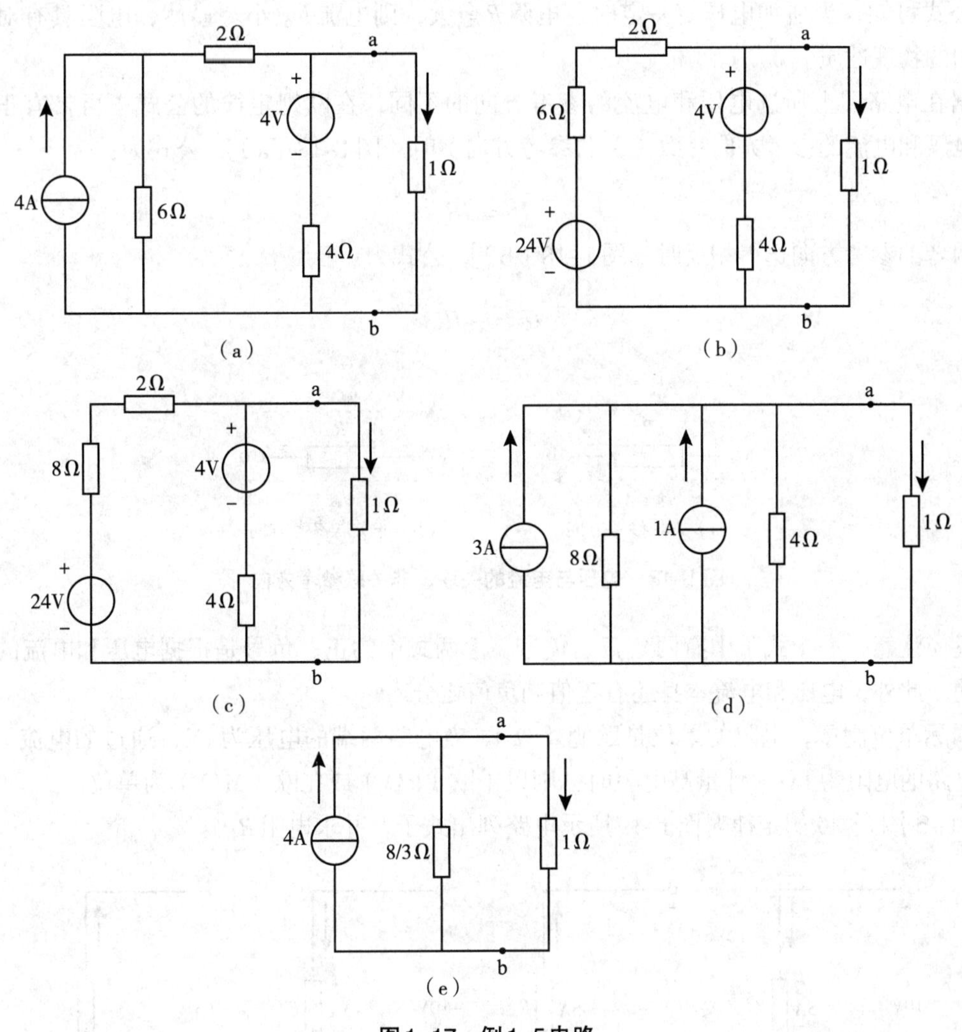

图1-17　例1-5电路

第二节　电路的基本定律

PPT

电路理论主要研究电路中发生的电磁现象，用电流、电压和功率等物理量来描述其中的过程。因为电路是由电路元件构成的，因而整个电路的表现如何既要看元件的连接方式，又要看每个元件的特性，这就决定了电路中各支路电流、电压要受到两种基本规律（欧姆定律和基尔霍夫定律）的约束。分析与计算电路要应用欧姆定律和基尔霍夫定律，掌握电路的基本规律是分析电路的基础，下面分别介绍这两类基本定律。

一、欧姆定律

欧姆定律是描述电阻上电压与电流约束关系的一条最重要的定律，这种约束关系也称电路元件的伏安关系，它是分析电路的重要工具。通常流过电阻的电流与电阻两端的电压成正比，这就是欧姆定律。欧姆定律可用下式表示：

$$R = \frac{U}{I} \tag{1-21}$$

式中，R即为该段电路的电阻。

由公式可知，当所加电压U一定时，电阻R愈大，则电流I愈小。显然，电阻具有对电流起阻碍作用的物理性质。

根据在电路图上所选电压和电流的参考方向的不同，在欧姆定律的公式中可带有正号或负号。当电压和电流的参考方向一致（关联参考方向）时［图1–18（a）］，公式为：

$$U = IR \tag{1-22}$$

当两者的参考方向选得相反时［图1–18（b）］，公式为：

$$U = -IR \tag{1-23}$$

I_{ab}　R　a + − b　U_{ab}

（a）关联参考方向　　（b）非关联参考方向

图1–18　电压与电流的关联、非关联参考方向

这里应注意，一个式子中有两套正、负号，上两式中的正、负号是根据电压和电流的参考方向得出的。此外，电压和电流本身还有正值和负值之分。

在国际单位制中，电阻的单位是欧姆（Ω）。当电路两端的电压为1V，通过的电流为1A时，则该段电路的电阻为1Ω。计量高电阻时，则以千欧（kΩ）或兆欧（MΩ）为单位。

【例1–6】根据欧姆定律对图1–19所示电路列出式子，并求电阻R。

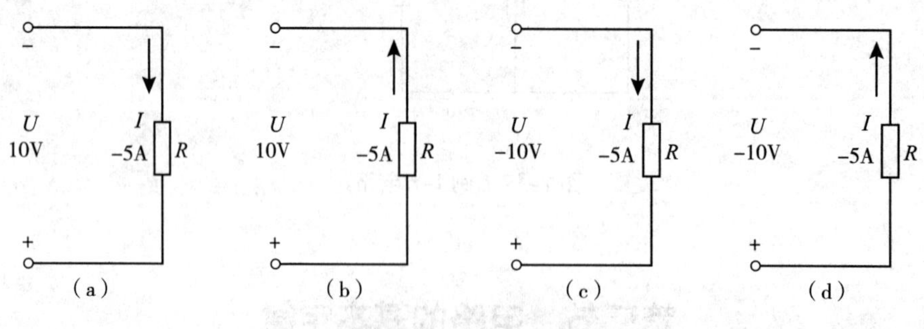

图1–19　例1–6电路

解：图1–19（a），关联参考方向，公式为U=IR，所以$R = \frac{U}{I} = \frac{10}{5} = 2\Omega$。

图1–19（b），非关联参考方向，公式为U=−IR，所以$R = -\frac{U}{I} = -\frac{10}{-5} = 2\Omega$。

图1–19（c），非关联参考方向，公式为U=−IR，所以$R = -\frac{U}{I} = -\frac{-10}{5} = 2\Omega$。

医药大学堂 WWW.YIYAODXT.COM

图1-19（d），关联参考方向，公式为$U=IR$，所以$R=\frac{U}{I}=\frac{-10}{-5}=2\Omega$。

二、基尔霍夫定律

基尔霍夫定律不仅适用于求解简单电路，也适用于求解复杂电路。基尔霍夫电流定律应用于电流，电压定律应用于电压。

（一）相关的电路名词

1.支路 电路中每一段不分支的电路，称为支路，支路数用字母“b”表示。一条支路流过一个电流，称为支路电流。如图1-20所示bd、bad、bcd都是支路，即b=3。其中支路bad和bcd中含有电源，称为有源支路，bd支路中没有电源，称为无源支路。

2.节点 电路中三条或三条以上的支路相连接的点称为节（结）点。节点数用字母“n”表示。例如，图1-20中的b、d都是节点，而a、c不是节点，即n=2。

3.回路 电路中的任何闭合路径都称为回路。只有一个回路的电路称为单回路电路。图1-20中abda、cbdc、abcda都是回路。

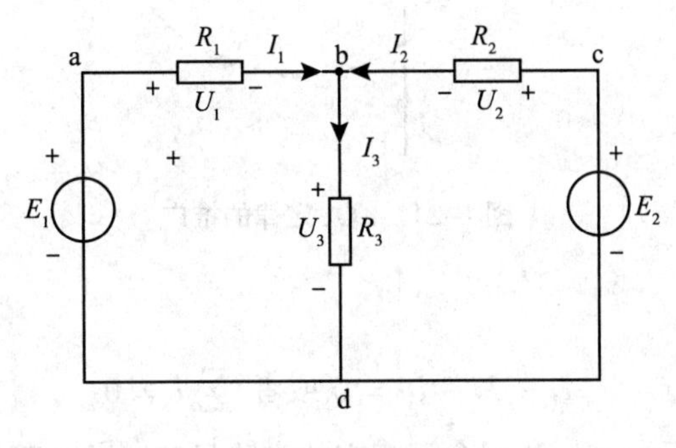

图1-20 电路网络

4.网孔 回路内部不含支路的回路称为网孔回路，简称网孔。网孔数用字母“m”表示。例如，图1-20中回路abda、cbdc都是网孔，即m=2；而回路abcda不是网孔。

（二）基尔霍夫电流定律

基尔霍夫电流定律（简写为KCL）是用来确定连接在同一结点上的各支路电流间关系的。由于电流的连续性，电路中任何一点（包括节点在内）均不能堆积电荷。因此，基尔霍夫电流定律是指：在电路中，在任一瞬间，流入某一节点的电流之和等于由该节点流出的电流之和。

在电路中，规定参考方向流入节点的电流取正号，流出节点的电流取负号，则图1-20中基尔霍夫电流定律的数学表达式为：

$$I_1+I_2=I_3 \tag{1-24}$$

可将上式改成：

$$I_1+I_2-I_3=0$$

即：在电路中，在任一瞬间，任何一个节点上电流的代数和为零。

$$\sum I=0 \text{ 或 } \sum I_{in}=\sum I_{out} \tag{1-25}$$

根据计算的结果，有些支路的电流可能是负值，这是由于所选定的电流的参考方向与实际方向相反所致。

显然，无论对直流还是交流，甚至对动态电路的瞬时值，基尔霍夫电流定律都是成立的。但是对非瞬时值就不一定成立了，例如对交流电流的有效值就不成立。

KCL推广：基尔霍夫电流定律通常应用于节点，也可以把它推广应用于包围部分电路的任一假设的闭合面。

例如，图1-21所示的闭合面包围的是一个三角形电路，它有三个结点。应用电流定律可列出：

$$I_1 = I_{ab} - I_{ca}$$
$$I_2 = I_{bc} - I_{ab}$$
$$I_3 = I_{ca} - I_{bc}$$

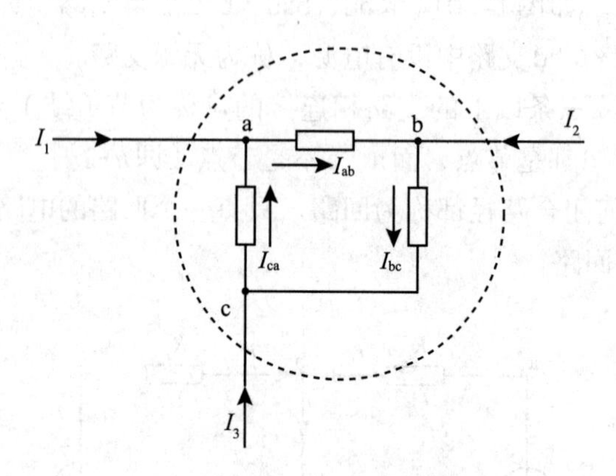

图1-21 KCL定律的推广

上面三式相加，得到：

$$I_1 + I_2 - I_3 = 0 \text{ 或者 } \sum I = 0$$

图1-21所示电路闭合面中，与此闭合面相交的支路只有一条，若该支路的电流不为零，则意味着电路中出现了电荷的堆积，这与电路的特性是相违背的，因此该支路电流一定为零。可见，在任一瞬时，通过任一闭合面的电流的代数和也恒等于零。

【例1-7】在图1-22中，I_1=3A，I_2=-6A，I_3=-8A，试求电流I_4。

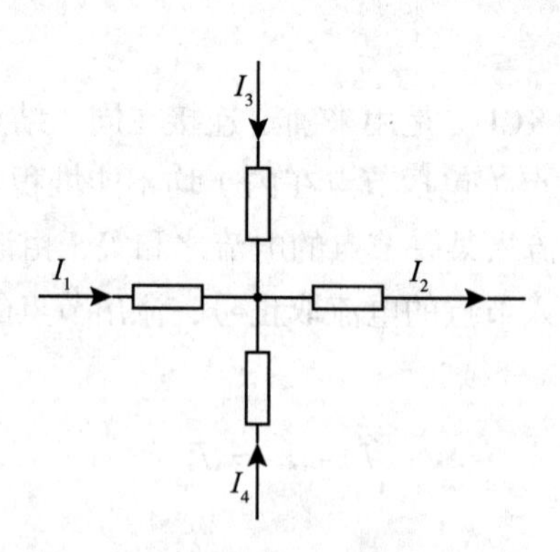

图1-22 例1-7电路图

解：由基尔霍夫电流定律可列出节点方程

$$I_1 - I_2 + I_3 + I_4 = 0$$
$$3-(-6)+(-8)+I_4=0$$

得：I_4=-1A。

（三）基尔霍夫电压定律

基尔霍夫电压定律（简写为KVL）是用来确定回路中各段电压间关系的。如果从回路中任意一点出发，以顺时针方向或逆时针方向沿回路绕行一周，回到原来的出发点时，该点的电位是不会发生变化的，这是电路中任一点的瞬时电位具有单值性的结果，它是电路能量守恒的一种体现。

基尔霍夫电压定律是指：在任何时刻，任一闭合回路中，沿任一绕形方向（顺时针或者逆时针），回路中各段电压的代数和恒等于零。

以图1–23所示电路的一个回路为例分析基尔霍夫电压定律，图中电源电动势、电流和各段电压的参考方向均已标出。

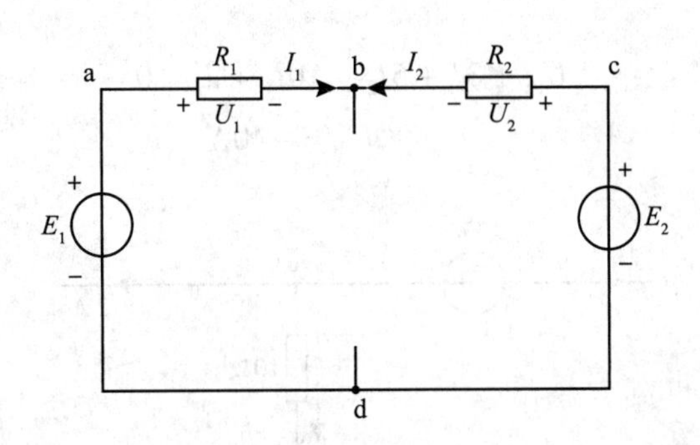

图1–23　电路中的回路标注

$$E_1 - E_2 + U_2 - U_1 = 0$$

按照逆时针方向循行一周，根据电压的参考方向可列出基尔霍夫电压定律数学表达式为：

$$\sum U = 0 \tag{1–26}$$

上式称为回路电压方程或KVL方程。要建立KVL方程，可参照以下步骤。

（1）确定回路的绕行方向（顺时针或逆时针）。

（2）确定每条支路电流的参考方向。

（3）确定回路上元件及电源的两端电压的参考方向，一般情况下电压电流取关联参考方向。如果电压的参考方向与绕行方向一致，则该电压前面取“+”号，如果电压的参考方向与绕行方向相反时，则取“–”号。

KVL的推广：基尔霍夫电压定律不仅应用于闭合回路，也可以把它推广应用于回路的部分电路。

对图1–24所示电路（各支路的元器件是任意的），假设绕行方向为逆时针方向，可列出：

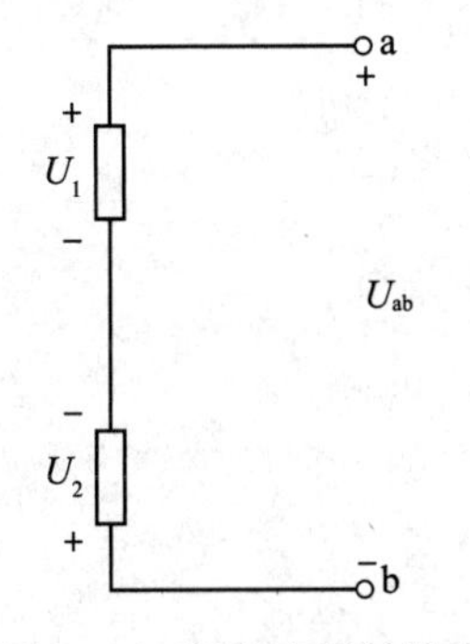

图1–24　KVL定律的推广

$$\sum U = 0, \therefore U_1 - U_2 - U_{ab} = 0$$

$$U_{ab} = U_1 - U_2$$

基尔霍夫两个定律具有普遍性，它们适用于由各种不同元器件所构成的电路，也适用于任一对任何变化的电流和电压。所以，不管外电路怎么连接，都能列出KVL。

列方程时，不论是应用基尔霍夫定律或欧姆定律，首先都要在电路图上标出电流、电压的参考方向，因为所列方程中各项的正负号是由它们的参考方向决定的。

【例1–8】在图1–25所示的电路中，求ab两点之间的电压值。

解：根据KCL定律，在节点d处列电流方程

$$1+2+I_1=0，得到I_1=-3A，$$

在节点c处列电流方程

$$I_1+I_2+4=0，得到I_2=-1A$$

在节点e处列电流方程

$$I-I_2-5=0，得到I=4A$$

根据KVL定律，在回路abecda中，各电阻电压电流的参考方向为关联参考方向，可列回路方程如下。

$$U_{ab}+3I+5I_2-10I_1+3=0$$

得：

$$U_{ab}=-40A$$

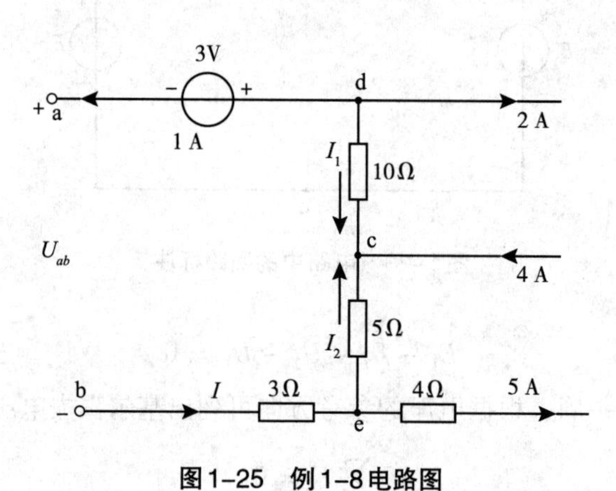

图1–25　例1–8电路图

【例1–9】在图1–26所示的电路中，求a点的电位值。

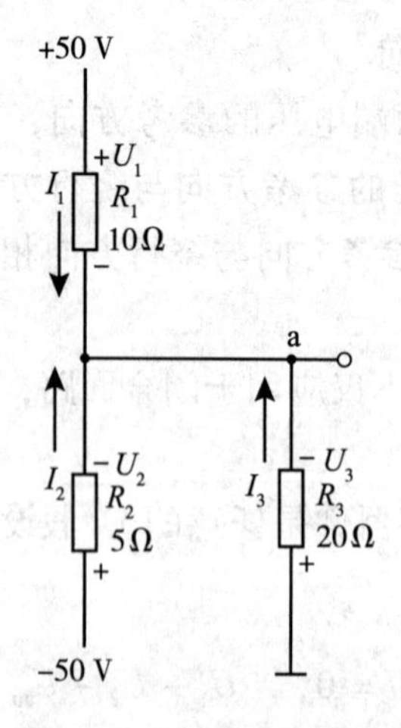

图1–26　例1–9电路图

解：根据基尔霍夫电流定律可列出

$$I_1+I_2+I_3=0$$

根据电位的概念与公式，及关联参考方向的欧姆定律可列出

医药大学堂 WWW.YIYAODXT.COM

$$I_1 = \frac{U_1}{R_1} = \frac{V_{(+50V)} - V_a}{R_1}$$

$$I_2 = \frac{U_2}{R_2} = \frac{V_{(-50V)} - V_a}{R_2}$$

$$I_3 = \frac{U_3}{R_3} = \frac{V_{(0)} - V_a}{R_3}$$

可以得到

$$\frac{50 - V_a}{10} + \frac{-50 - V_a}{5} + \frac{0 - V_a}{20} = 0$$

$$V_a = -\frac{100}{7}\text{V}$$

第三节　电路的分析方法

PPT

分析电路的方法有很多种，一般分析电路的步骤如下：首先选择电路中的变量，电压和电流是电路的基本变量，也是分析电路中待求的未知量，可以选择支路电流或者节点电压为变量，然后根据基尔霍夫电流定律和基尔霍夫电压定律及欧姆定律，建立电路方程，方程数应该和变量数相同，从而求解出电路中的变量。

一、支路电流法

（一）定义

支路电流法是以支路电流为变量，根据基尔霍夫电流定律和基尔霍夫电压定律，列出节点电流方程和回路电压方程，求解支路电流的方法，其中未知数的个数等于电路中的支路数。

（二）解题步骤

解题思路：根据基尔霍夫定律，列出节点电流和回路电压方程，然后进行联立方程组求解，得到各支路电流。

下面以图1-27所示电路为例，介绍支路电流法的解题步骤。

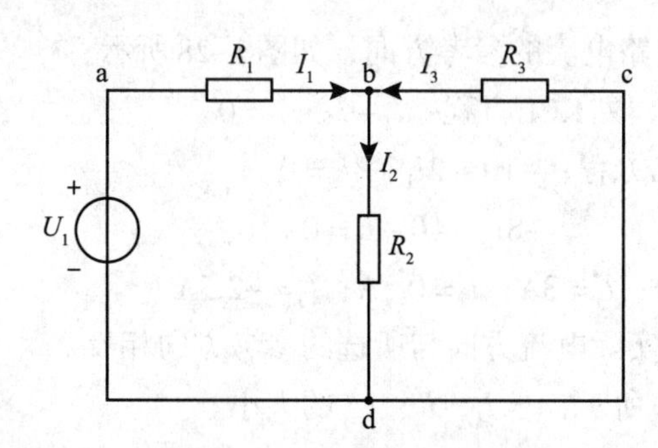

图1-27　支路电流法电路图

1.确定支路数，标出支路电流参考方向。图中有三条支路，各支路参考方向如图1-28所示。

2.确定节点个数，列出节点电流方程。图中有b、d两个节点，根据基尔霍夫电流定律，列出节点方程如下。

节点b： $I_1+I_3-I_2=0$

节点d： $-I_1-I_3+I_2=0$

该两节点方程之差一个负号，故只有一个方程是独立的，因此对于有两个节点的电路，只能列出（2–1）=1个独立的KCL方程。一般来说，如果电路有n个节点，那么就可以列出（n–1）个独立节点的电流方程。

3.确定回路数，列出回路电压方程。电路有3个回路，根据基尔霍夫电压定律可以列出如下方程。

回路abda的电压方程为： $R_1I_1+R_2I_2-U_1=0$

回路bcdb的电压方程为： $-R_3I_3-R_2I_2=0$

回路acda的电压方程为： $R_1I_1-R_3I_3-U_1=0$

以上3个回路电压方程中，任何一个方程都可以由另外两个方程导出，故只有两个独立方程，也称作两个独立回路。所以在选择回路时，若包含其他回路电压方程未用过的新的支路，则列出的方程是独立的，因为每个网孔都包含一条互不相同的支路，所以每个网孔都是独立回路，一般直观的方法是按照网孔列电压方程。

可见，对于n个节点b条支路，可列出（n–1）个独立节点电流方程，[b–（n–1）]个独立回路电压方程。

4.联立独立方程，求解支路电流，然后根据欧姆定律求各支路电压。

【例1–10】电路如图1–28所示，已知U_{S_1}=10V，U_{S_2}=6V，R_1=2Ω，R_2=8Ω，R_3=4Ω。用支路电流法求电路中的各支路电流。

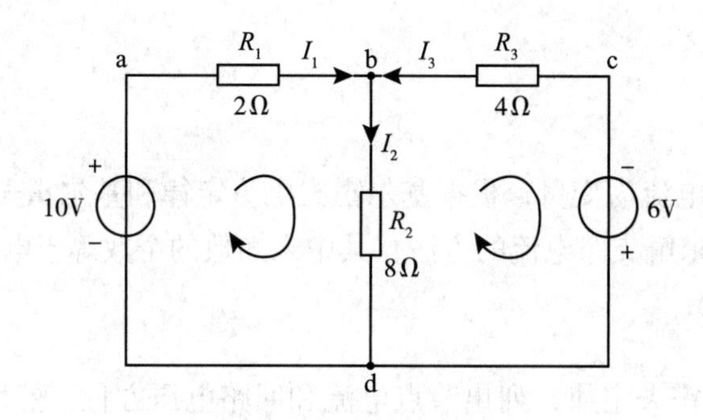

图1–28 例1–10电路图

解：

（1）在电路图上标出各支路电流的参考方向，如图1–28所示。

（2）选节点b为独立节点，列KCL方程：$I_1+I_3-I_2=0$

（3）确定回路数，列KVL方程：$-10+2I_1+8I_2=0$

$$-8I_2-4I_3-6=0$$

（4）联立方程组并求解得：$I_1=3\text{A}$；$I_2=0.5\text{A}$；$I_3=-2.5\text{A}$

I_3是负数，说明电阻上的实际电流方向与所选的参考方向相反。

【例1–11】电路如图1–29所示，求I_1、I_2、U_X的大小。

解：

（1）在电路图上标出支路电流的参考方向。I_3等于电流源，所以I_3=1A。

（2）选节点a为独立节点，列KCL方程：$I_1+I_3-I_2=0$

（3）确定回路数，列KVL方程：$-20+10I_1+15I_2=0$

$$-15I_2-25I_3+U_X=0$$

（4）联立方程组并整理求解可得：$I_2=1.2\text{A}$，$I_1=0.2\text{A}$，$U_X=43\text{V}$

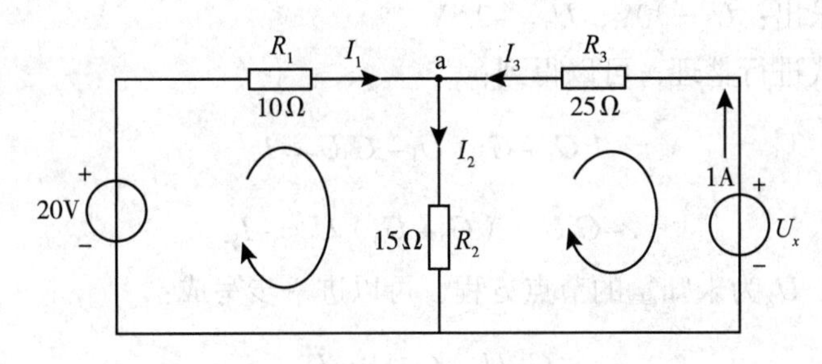

图1-29　例1-11电路图

二、节点电压法

（一）定义

在电路中，取其任一节点作为参考节点，其余各节点与此参考节点之间的电压称之为对应节点的节点电压。以节点电压作为未知量，对（n–1）个独立节点，根据基尔霍夫电流定律列出节点电流方程，从而求出未知节点电压的方法称为节点电压法。

电路中所有的支路电压都可以用节点电压来进行表示。

（二）解题步骤及注意事项

1.解题步骤　下面以图1-30所示电路为例，求节点1和节点2的电压U_1和U_2的值，来介绍节点电压法的解题步骤。

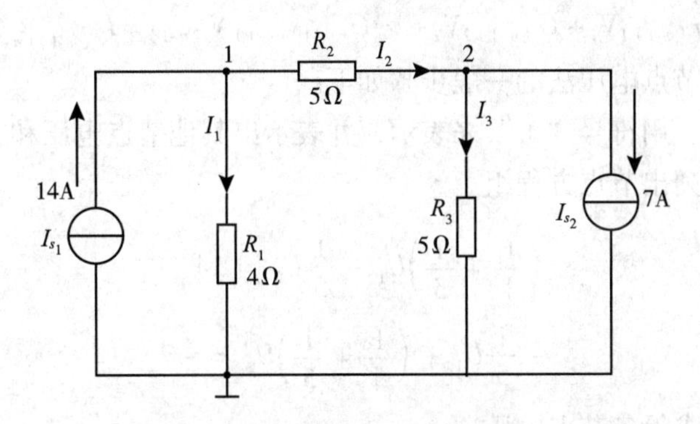

图1-30　节点电压法电路图

首先，选择一个节点为参考节点，如图1-31参考节点电位为0V，并表示出其他节点电压和支路电流方向。

第二步，对非参考节点根据KCL列写方程组。

$$14-I_1-I_2=0$$

$$I_2-I_3-7=0$$

最后，根据欧姆定律用节点电压来表示各支路电流。

$$I_1=U_1G_1=U_1/4$$

$$I_2=(U_1-U_2)\,G_2=(U_1-U_2)\,/5$$

$$I_3 = U_2G_3 = U_2/5$$

带入上式，可以求出：$U_1 = 30V$，$U_2 = -2.5V$

通过对上面的公式进行整理，可以得到：

$$(G_1 + G_2)U_1 - G_2U_2 = I_{S_1}$$

$$-G_2U_1 + (G_2 + G_3)U_2 = -I_{S_2}$$

这就是以节点U_1、U_2为未知量的节点方程，可以进一步写成：

$$G_{11}U_1 + G_{12}U_2 = I_{S_{11}}$$

$$G_{21}U_1 + G_{22}U_2 = I_{S_{22}}$$

以上就是具有两个独立节点的节点方程的一般形式。

式中G_{11}为1节点的自电导，是与1节点相连接的各支路电导的总和（$G_{11}=G_1+G_2$），G_{22}为节点2的自电导，是与节点2相连接的各支路的电导的总和（$G_{22}=G_2+G_3$）；$G_{12}=G_{21}$为节点1、2之间的互电导，是负值（$G_{21}=G_{12}=-G_2$）。

$I_{S_{11}}$和$I_{S_{22}}$分别表示电流源流入节点1和节点2的电流代数和（流入为正，流出为负$I_{S_{11}}=I_{S_1}$，$I_{S_{22}}=-I_{S_2}$）。

由上述公式，可以推导出n个节点的电路应该有（$n-1$）个独立节点，节点电压的一般形式是：

$$G_{11}V_1 + G_{12}V_2 + \cdots + G_{1(n-1)}V_{(n-1)} = I_{S_{11}}$$

$$G_{21}V_1 + G_{22}V_2 + \cdots + G_{2(n-1)}V_{(n-1)} = I_{S_{22}}$$

$$G_{(n-1)1}V_1 + G_{(n-1)2}V_2 + \cdots G_{(n-1)(n-1)}V_{(n-1)} = I_{S(n-1)(n-1)}$$

综上，可以归纳出节点电压法的一般步骤如下。

（1）选定参考节点，用符号“⊥”来表示，并表示出其他节点电压和支路电流方向。

（2）根据上述公式列出节点方程组。

$$\left(\frac{1}{4} + \frac{1}{5}\right)U_1 - \frac{1}{5}U_2 = 14$$

$$-\frac{1}{5}U_1 + \left(\frac{1}{5} + \frac{1}{5}\right)U_2 = -7$$

（3）求解方程组，求得各节点电压。

$$U_a = 30V，U_b = -2.5V$$

【例1-12】如图1-31所示，$R_1=4\Omega$，$R_2=2\Omega$，$R_3=8\Omega$，$R_4=4\Omega$，$I_{S1}=3A$，求节点电压是多少。

解：

（1）选定参考节点，用符号⊥来表示，并表示出其他节点电压和支路电流方向。这是有3个非参考节点的电路，三个节点电压分别设为U_1、U_2、U_3。

其中根据欧姆定律可以推算出$I_x=(U_1-U_2)/2$，根据上述公式列出节点方程组。

$$\left(\frac{1}{4} + \frac{1}{2}\right)U_1 - \frac{1}{2}U_2 - \frac{1}{4}U_3 = 3$$

$$-\frac{1}{2}U_1 + \left(\frac{1}{4} + \frac{1}{2} + \frac{1}{8}\right)U_2 - \frac{1}{8}U_3 = 0$$

医药大学堂 WWW.YIYAODXT.COM

$$-\frac{1}{4}U_1-\frac{1}{8}U_2+\left(\frac{1}{4}+\frac{1}{8}\right)U_3=-2I_x=U_2-U_1$$

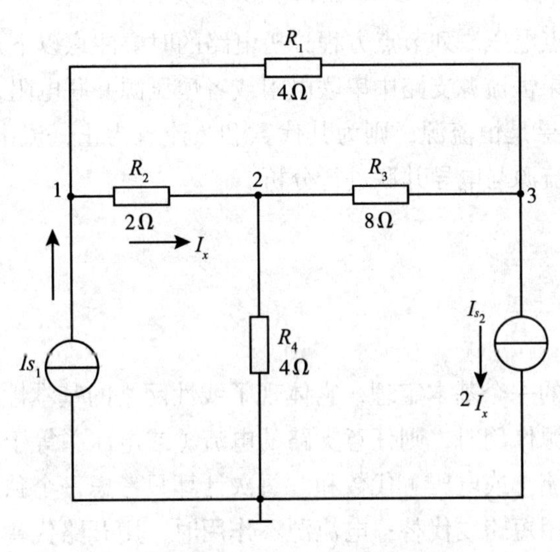

图1-31　例1-12电路

（2）求解方程组，求得各节点电压。

$$U_1=4.8\text{V},\ U_2=2.4\text{V},\ U_3=-2.4\text{V}$$

如果电路中存在电压源支路且没有电阻与之串联，无法等效变换为电流源时，可以用下面的方法进行解决。

【例1-13】如图1-32所示，已知U_{S_1}=14V，U_{S_2}=6V，R_1=4Ω，R_2=3Ω，R_3=2Ω，R_4=6Ω，求U_1，U_2。

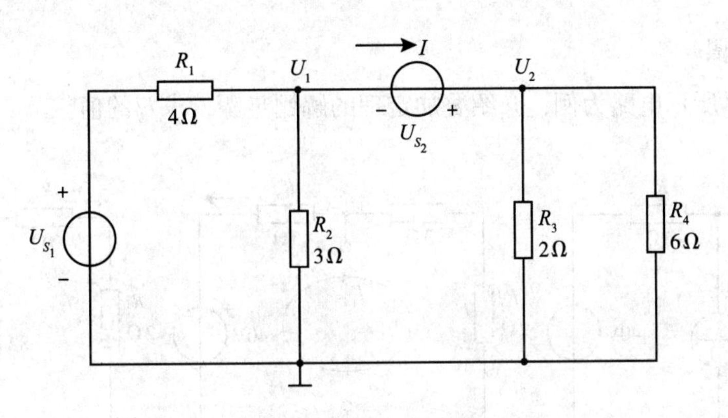

图1-32　例1-13电路

解：

（1）选定参考节点，并表示出其他节点电压和支路电流方向。其中由U_{S_2}=6V可以推导出：U_2-U_1=6V，设U_{S_2}上的电流为I。

（2）根据上述公式列出节点方程组。

$$\left(\frac{1}{4}+\frac{1}{3}\right)U_1-0\times U_2=\frac{14}{4}-I$$

$$0\times U_1+\left(\frac{1}{2}+\frac{1}{6}\right)U_3=I$$

（3）求解方程组，求得各节点电压。

$$U_1 = -0.4\text{V}，U_2 = 5.6\text{V}$$

2.解题注意　在用节点电压法列节点方程分析电路的时要注意以下几点。

（1）方程的左边　如果恒流源支路中串联电阻或者恒压源并联电阻，则不用考虑该电阻。

（2）方程的右边　如果是恒流源，则为其代数和（流入为正，流出为负），若是恒压源与电阻串联支路，则转换成电流源与电导并联进行分析。

三、叠加定理

微课

（一）意义

叠加定理是线性电路的一个基本定理，它体现了线性网络的基本性质。在线性电路中，当有两个或者两个以上的独立源作用时，则任意支路的电流（或电压）等于电路中每个独立源单独作用时，在该路中产生的电流（或电压）代数和。每次计算只考虑一个独立源，其他独立源均不作用。即电压源不作用时，用短路线代替；电流源不作用时，用开路代替，其他各元件的连接方式不变。在使用叠加定理时应注意以下几点。

（1）叠加定理只适用于线性电路，不适用于非线性电路。

（2）叠加时要注意叠加电路和原电路中电流和电压的参考方向，方向一致时为正，相反时为负。

（3）在各独立源单独作用时，应将其他电源置零（电压源不作用时，用短路线代替；电流源不作用时，用开路代替），保证其他各元件的连接方式不变。

（4）叠加定理适用于电流、电压，不适用于功率，因为功率是电压或者电流的二次函数。

（5）应用叠加定理时，也可以把电源进行分组求解，每个电路的电源个数可能不止一个。

（二）解题步骤

下面以图1-33所示电路为例，介绍叠加定理的解题步骤，求U的值。

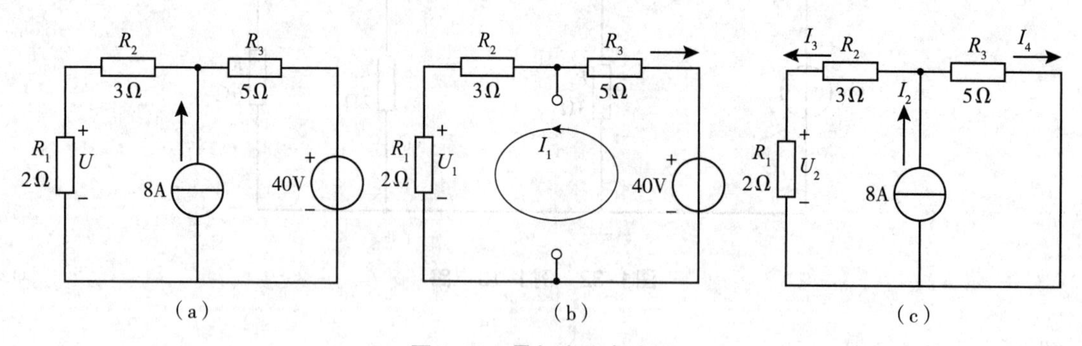

图1-33　叠加定理电路图

（1）只考虑一个独立源，其他所有电压源短路，电流源开路，列出等式。

电路中有两个独立源，根据叠加定理有：$U = U_1 + U_2$

其中U_1和U_2分别是40V电压源和8A电流源单独作用时U的大小。

（2）对于每个独立源都利用KCL、KVL或者其他定理来进行分析计算，求出输出。

如图1-34（b）所示：　$10I_1 = 40$

$$I_1 = 4\text{A}，U_1 = 8\text{V}$$

如图1-34（c）所示：　　　　$I_3 = I_4 = 4\text{A}$

$$U_2 = 4 \times 5 \times \frac{2}{5} = 8\text{V}$$

（3）将各个独立源单独作用的输出进行代数相加。

$$U = U_1 + U_2 = 16\text{V}$$

【例1-14】如图1-34所示，求电流I的值。

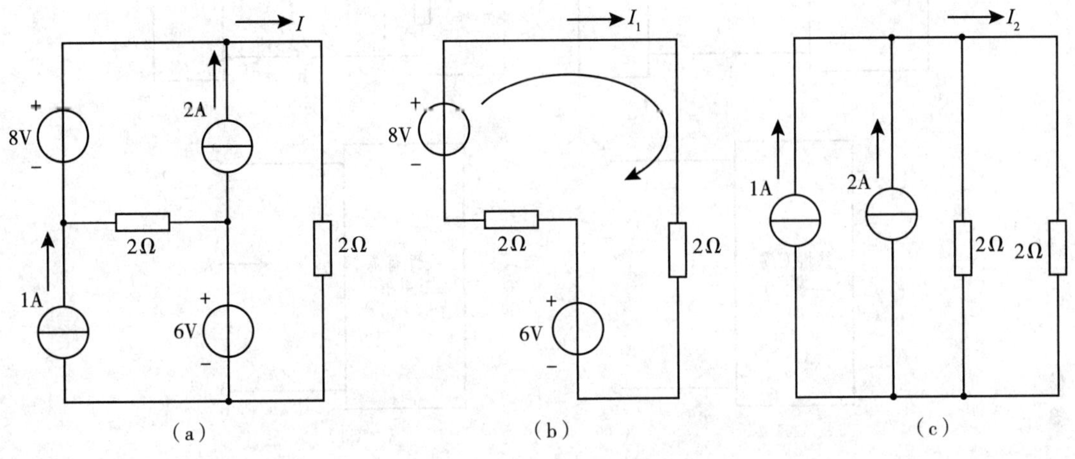

图1-34　例1-14电路图

解：

（1）考虑将电源分成两组，将电流源分成一组，电压源分成一组，分别画出分电路，列出等式。根据叠加定理，有

$$I = I_1 + I_2$$

其中，I_1和I_2分别为两个电压源和两个电流源单独作用时I的大小。

（2）对于每组电源进行分析计算，求出输出。

如图1-34（b）所示：　　　　$I_1 = \frac{8+6}{2+2} = 3.5\text{A}$

如图1-34（c）所示：　　　　$I_2 = \frac{1+2}{2} = 1.5\text{A}$

（3）将各组电源单独作用的输出进行代数相加。

$$I = I_1 + I_2 = 5\text{A}$$

四、戴维南定理

（一）意义

任何一个线性有源二端网络，对其外部而言，通过电源的等效变换与组合，都可以将该端口网络等效为一个电压源与电阻串联或者电流源与电阻并联的形式，戴维南定理和诺顿定理描述的就是这种等效关系。

戴维南定理的主要内容是：任何一个线性有源二端网络，对其外部而言，总可以用一个理想电压源和电阻串联的模型来等效替代。其中理想电压源的电压等于该二端网络的开路电压U_{OC}，电阻等于所有独立源为零时（电压源短路，电流源开路）端口ab的输入电阻R_0。用图1-35对戴

维南定理进行说明。图1–35（b）的线框内等效电压模型就是图1–35（a）中线性有源双端网络的戴维南等效电路，U_{OC}和R_0分别通过图1–35（c）和图1–35（d）进行求得。

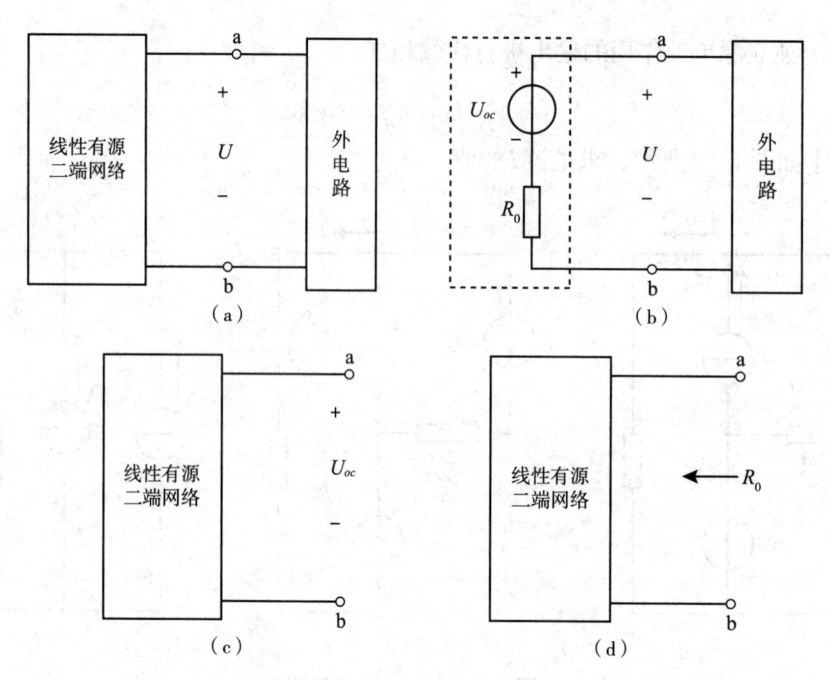

图1–35　戴维南等效电路框图

在使用戴维南定理时应注意以下几点。

（1）网络中不含受控源时，将所有独立源置零，输入电阻R_0就是从ab两端向网络看进去的输入电阻。

（2）网络中含有受控源时，独立源置零，受控源保留不变。

（二）解题步骤

下面以图1–36所示电路为例，介绍戴维南定理的解题步骤。如图1–36（a）所示，求电路中端口ab两端左侧的等效电路U_{OC}和R_0，并计算电流I的值。

（1）画出戴维南等效电路，如图1–36（b）和（c）所示。

（2）根据之前所学电路分析方法，进行求解。

由图1–36（b）可以得出以下各式。

根据KCL定理：$I_1+2=I_2$

根据KVL定理：$-180+90I_1+90I_2+60I_2=0$

所以：$I_1=-0.5\text{A}$，$I_2=1.5\text{A}$

进而求出：$U_{OC}=1.5\times60=90\text{V}$

由图1–36（c）可以得出：

$$R_0=\frac{(R_1+R_2)R_3}{R_1+R_2+R_3}=45\Omega$$

$$I=U_{OC}\frac{U_{OC}}{R_0+R_4}=1.5\text{A}$$

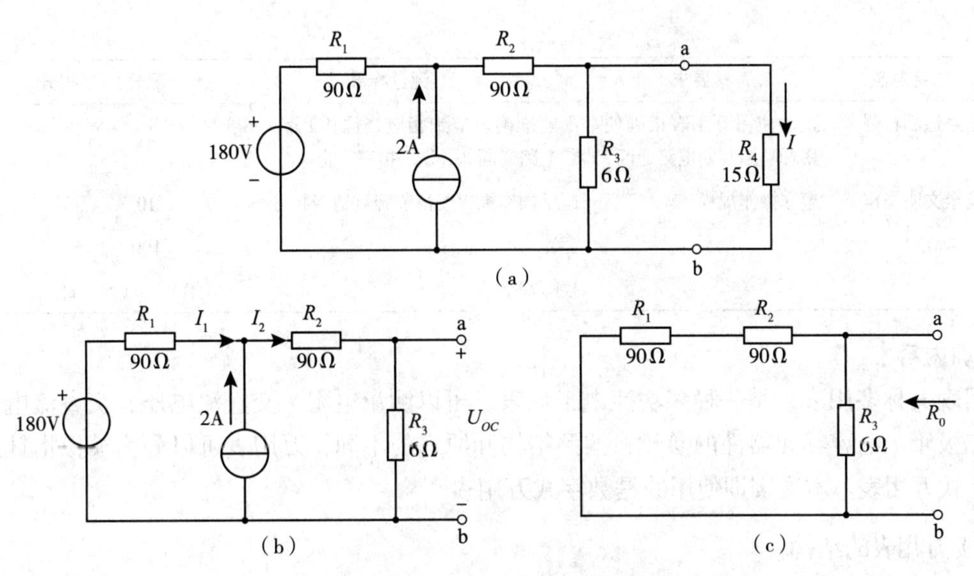

图1-36　戴维南定理等效电路

实训一　万用表的使用

【实训目的】

1.熟悉万用表的结构。

2.掌握使用万用表测量电阻、电流、电压及其他元器件的方法。

【设备、工具及材料】

数字万用表、二极管、三极管、电阻。

【评分标准】

实训完成质量评分标准参照国家中级维修电工技能鉴定标准（表1-1）。

表1-1　万用表的使用完成质量标准

序号	主要内容	考核要求	评分标准	配分	扣分	得分
1	电阻的测量	正确使用万用表准确测量出电阻值	不能正确调节到相应量程的电阻挡扣2分；不能正确读出电阻值扣2分；扣完为止	10		
2	电压的测量	正确使用万用表准确测量出直流电压和交流电压值	不能准确调节到相应量程的直流或交流电压挡扣2分；不能准确读出电压值扣2分；扣完为止	20		
3	电流的测量	正确使用万用表准确测量出直流电流和交流电流值	不能准确调节到相应量程的直流或交流电流挡扣2分；不能准确读出电流值扣2分；扣完为止	20		
4	电容的测量	正确使用万用表准确测量出电容值	测量前不给电容放电扣2分；不能准确调节到相应量程的电容测量挡扣2分；不能准确读出电容值扣2分，扣完为止	10		
5	二极管的测量	正确使用万用表准确判断二极管的极性和好坏	不能准确调节到二极管挡位扣2分；不会判断二极管的正负扣2分；不会判断二极管好坏扣2分；扣完为止	10		
6	三极管的测量	正确使用万用表准确判断三极管的管脚，测出三极管直流放大倍数β	不能准确调节到三极管挡位扣2分；不能准确判断三极管的管脚扣2分，不会读出三极管直流放大倍数扣2分；扣完为止	10		

续表

序号	主要内容	考核要求	评分标准	配分	扣分	得分
7	电路通断检测	正确使用万用表正确使用蜂鸣挡判断电路通断	不能准确调节到相应挡位扣2分；不会判断电路通断扣2分；扣完为止	10		
8	安全文明操作	遵守操作规程	违反操作规程按情节轻重适当扣分	10		
			合计	100		
			教师签字	年	月	日

【实训内容】

万用表又称多用表，是一种多功能电工仪表，可以测量电阻、交直流电压、交直流电流、二极管、三极管、电容等元器件的参数，按照结构和原理的不同，万用表可以分为模拟指针式万用表和数字式万用表。本次实训使用的是数字式万用表。

（一）万用表的结构

万用表的结构如图1–37所示。

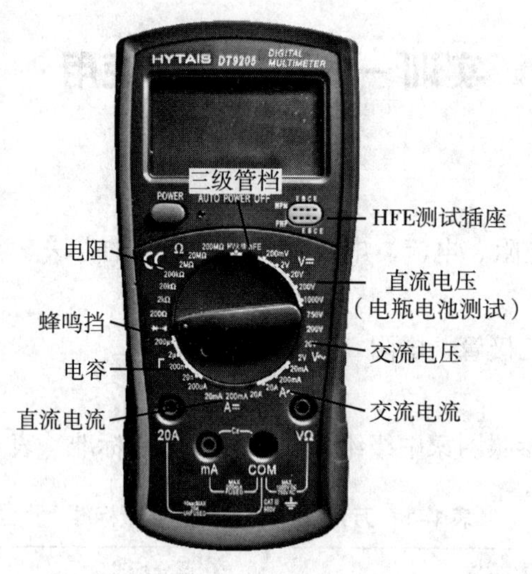

图1–37 数字式万用表

（二）万用表的使用方法

1. 电阻的测量

（1）测量步骤　首先红表笔插入VΩ孔，黑表笔插入COM孔，量程旋钮打到“Ω”量程挡，适当位置分别用红黑表笔接到电阻两端金属部分，读出显示屏上显示的数据。

（2）如何读数　显示屏上显示的数字再加上边挡位选择的单位就是它的读数。要提醒的是在“200”挡时单位是“Ω”，在“2k~200k”挡时单位是“kΩ”，在“2M~2000M”挡时单位是“MΩ”。

（3）注意　测量时，两表笔分别和被测电阻两端相连，不要用手触碰表笔的金属部分和被测电阻，否则人体的阻值会影响测量结果；严禁带电测量，若电路中有电容，应该先给电容放电再进行测量；量程选小了显示屏上会显示“1”，此时应换用较之大的量程；反之，量程选大了，显示屏上会显示一个接近于“0”的数，此时应换用较之小的量程。

2. 电压的测量

（1）测量步骤　红表笔插入VΩ孔，黑表笔插入COM孔，量程旋钮打到V−或V~适当位置，

读出显示屏上显示的数据。

（2）注意　把旋钮旋到比估计值大的量程挡（注意：直流挡是V-，交流挡是V~），接着把表笔接电源或电池两端。若在数值左边出现“-”，则表明表笔极性与实际电源极性相反，此时红表笔接的是负极。无论测交流还是直流电压，都要注意人身安全，不要随便用手触摸表笔的金属部分。

3.电流的测量

（1）测量步骤　黑表笔插入COM孔，红表笔插入mA或者20A端口，功能旋转开关打至A~（交流）或A-（直流），并选择合适的量程断开被测线路，将数字式万用表串联接入被测线路中，被测线路中电流从一端流入红表笔，经万用表黑表笔流出，再流入被测线路中，接通电路，读出显示屏数字。

（2）注意　估计电路中电流的大小。若测量大于200mA的电流，则要将红表笔插入“10A”插孔并将旋钮打到直流“10A”挡；若测量小于200mA的电流，则将红表笔插入“200mA”插孔，将旋钮打到直流200mA以内的合适量程；电流测量完毕后应将红笔插回“VΩ”孔。

4.电容的测量

（1）测量步骤　将电容两端短接，对电容进行放电，确保数字式万用表的安全。将功能旋转开关打至电容“F”测量挡，并选择合适的量程。将电容插入万用表CX插孔，读出显示屏上数字。

（2）注意　测量前电容需要先放电，否则容易损坏万用表，测量后也要放电，避免埋下安全隐患。测量电容时，将电容插入专用的电容测试座中（不要插入表笔插孔COM、VΩ），测量大电容时稳定读数需要一定的时间；电容的单位换算：1μF=106pF，lμF=103nF。

5.二极管的测量　红表笔插入VΩ孔，黑表笔插入COM孔，转盘打在二极管挡，红表笔接二极管正，黑表笔接二极管负，读出显示屏上数据，两表笔换位，若显示屏上为“1”，正常，否则此管被击穿。

6.三极管的测量　红表笔插入VΩ孔，黑表笔插入COM孔，转盘打在二极管挡，找出三极管的基极b，判断三极管的类型（PNP或者NPN）；转盘打在hFE挡，根据类型插入PNP或NPN插孔测β，读出显示屏中β值。

【实训报告】

实训完成后，要求写出实训报告，报告应包含以下内容：实训目的、实训内容、实训数据、实训总结。

实训二　测量电路并验证基尔霍夫定律

【实训目的】

1.验证基尔霍夫的正确性，加深对基尔霍夫定律的理解。

2.掌握万用表、稳压电源、电流表的使用方法。

【实训原理】

基尔霍夫定律是电路的基本定律。测量某电路的各支路电流及每个元件两端的电压，应能分别满足基尔霍夫电流定律（KCL）和电压定律（KVL）。即对电路中的任一个节点而言，应有$\Sigma I=0$；对任何一个闭合回路而言，应有$\Sigma U=0$。

运用上述定律时必须注意各支路或闭合回路中电流的正方向，此方向可预先任意设定。

【设备、工具及材料】

直流可调稳压电源、万用表、电阻、导线、直流电流表。

【评分标准】

实训完成质量评分标准参照国家中级维修电工技能鉴定标准（表1–2）。

表1–2 验证基尔霍夫定律完成质量评分标准

序号	主要内容	考核要求	评分标准	配分	扣分	得分
1	连接电路	按照原理图正确连接电路	看不懂原理图扣2分；不能正确连接电路扣2分；扣完为止	20		
2	选择量程	正确选择仪器仪表的量程	不能准确调节到相应量程扣2分；扣完为止	20		
3	电流的测量	正确接入电流表并且读数	不能准确调节到相应量程的直流或交流电流挡扣2分；不能准确读出电流值扣2分；扣完为止	20		
4	电压的测量	正确使用万用表测量电阻两端电压	不能准确调节到相应量程和挡位扣2分；不能准确读数扣2分，扣完为止	20		
5	数据的记录	把测好的数据填入表格	不能正确填表的扣2分，扣完为止	10		
6	安全文明操作	遵守操作规程	违反操作规程按情节轻重适当扣分	10		
			合计	100		
			教师签字	年	月	日

【内容及步骤】

按照试验线路图1–38进行线路的连接。

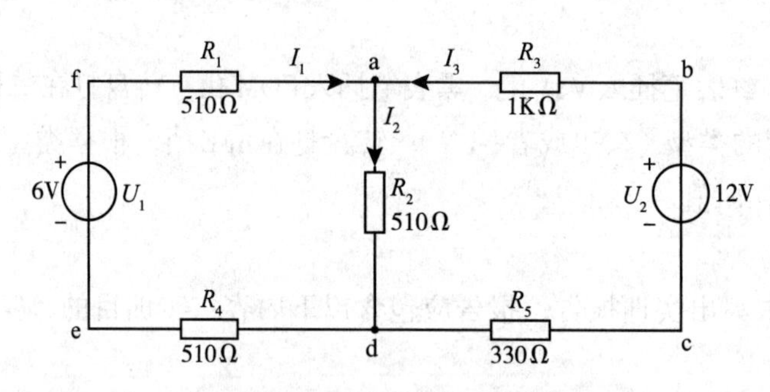

图1–38 基尔霍夫定律实验电路图

（1）试验前先任意设定三条支路和三个闭合回路的电流正方向。图1–38中的I_1、I_2、I_3的方向已设定。三个闭合回路的电流正方向可设为adefa、badcb和fbcef。

（2）分别将两路直流稳压源接入电路，令U_1=6V，U_2=12V。

（3）量程选择，当测量支路电流和电阻两端电压时，量程由大到小进行过渡。

（4）测量节点a处各支路电流。将电流表按照参考方向接入电路，若电流指针正偏，则说明参考方向和实际方向相同；若反偏，则迅速断开电路，将表调换极性进行连接，使指针正偏，结果记为负值。

（5）将测量结果填入表1–3。

（6）用万用表分别测量两路电源及电阻元件上的电压值，记录数据并填入表1–4中。

表1-3 支路电流的测量数据

电流（mA）	I_1	I_2	I_3
计算值（mA）			
测量值（mA）			
相对误差			

表1-4 支路电压的测量数据

电压（V）	U_1	U_2	U_{fa}	U_{ab}	U_{ad}	U_{cd}	U_{de}
计算值							
测量值							
相对误差							

【实训报告】

实训完成后，要求写出实训报告，报告应包含以下内容：实训目的、实训内容、实训数据、实训总结。

习题

一、单项选择题

1.若把电路中原来为–4V的点改为电位的参考点，则其他各点的电位将（　）。

A.变低　B.变高　C.不变　D.都有可能

2.下面电流中，实际电流方向是b→a的是（　）。

A.I_{ab} =8A　B.I_{ba} =–6A　C.I_{ba} =5A　D.I_{ba} =0A

3.电压表的内阻是（　）。

A.越小越好　B.越大越好　C.视具体情况　D.适中好

4.以客观存在的支路电流为未知量，直接应用基尔霍夫电流定律和基尔霍夫电压定律求解电路的方法，称为（　）。

A.支路电流法　B.结点电压法　C.叠加定理　D.电源的等效变换

5.某有源线性二端网络的开路电压18V，短路电流3A，则该二端网络可等效为（　）。

A.缺少条件无法确定　B.6Ω电阻和18V的电压源相串联的结构

C.6Ω电阻和18V的电压源相并联的结构　D.6Ω电阻和3A的电流源相串联的结构

6.两个额定电压相同的电阻串接在电路中，其阻值较大的发热（　）。

A.较大　B.较小　C.相同　D.都有可能

7.当电阻R上的U、I参考方向为关联时，欧姆定律的表达式应为（　）。

A.$U=-RI$　B.$U=RI$　C.$U=\pm RI$　D.不能确定

8.一般常见负载在电路中起的作用是（　）。

A.连接和控制　B.保护和测量

C.将非电能转换成电能　D.将电能转换成其他形式的能

9.某电阻元件的额定数据为“1kΩ、2.5W”，正常使用时允许流过的最大电流为（　）。

医药大学堂 WWW.YIYAODXT.COM

A.50mA　　B.2.5mA　　C.5A　　D.5mA

10.叠加定理用于计算（　）。

A.线性电路中的电压、电流和功率　　B.非线性电路中的电压和电流

C.非线性电路中的电压、电流和功率　　D.线性电路中的电压和电流

二、计算题

1.如图1-39所示，已知U_s=15V，I_s=9V，用叠加定理计算I值。

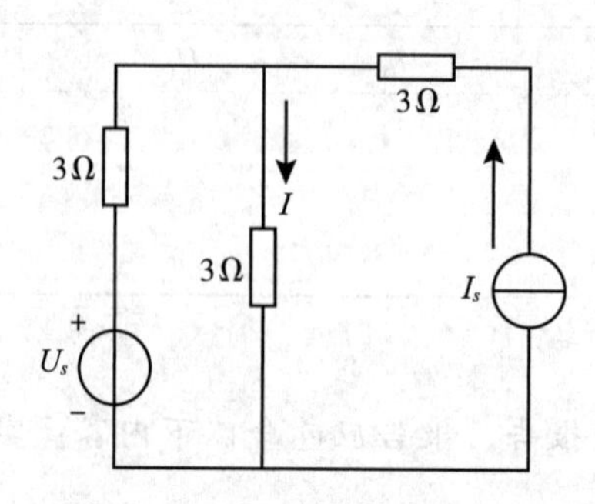

图1-39　计算题第1题电路图

2.已知图1-40中，R_1=0.6Ω，R_2=6Ω，R_3=4Ω，R_4=0.2Ω，R_5=1Ω，U_1=15V，U_4=2V，求电压U_5的值。

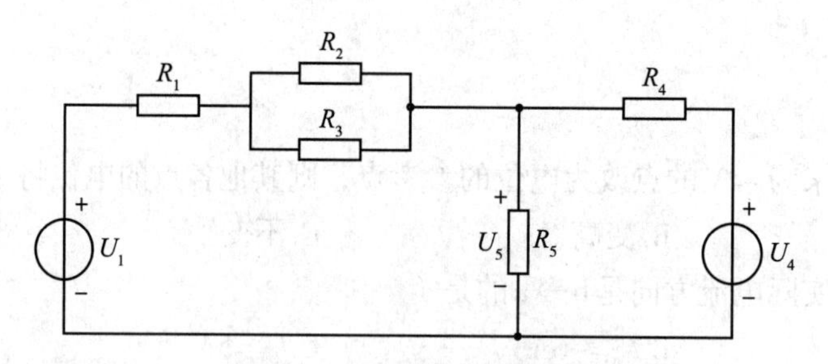

图1-40　计算题第2题电路图

3.用戴维南定理求图1-41电路中电流I。

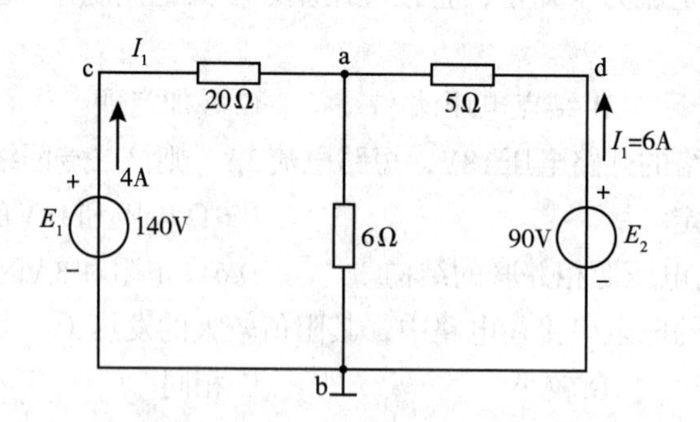

图1-41　计算题第3题电路图

第二章　正弦交流电路

知识目标

1. **掌握**　正弦量的三要素；正弦量的相量表示；电阻、电感、电容元件的电压与电流的关系；正弦交流电路的阻抗。

2. **熟悉**　正弦交流电路的分析方法、功率因数的提高。

3. **了解**　电路中谐振的发生条件及其电路特征。

能力目标

1. **学会**　正弦交流电路中电路参数的测量方法。

2. **具备**　正确使用交流电压表、交流电流表的能力；运用电路谐振的特点分析谐振电路，计算其谐振频率的能力。

案例讨论

案例　某半导体收音机的输入电路可等效为电阻、电感、电容串联电路，已知输入电路中线圈的电感为L=0.3mH，电阻为R=0.6Ω，现在为了收听调频为640kHz的某电台的广播，可旋转调频旋钮改变可变电容C，将电容C调至204pF；若收听其他调频电台的广播，旋转调频旋钮将电容调至合适数值即可。

讨论　1.旋转调频旋钮将电容C调至640kHz时，半导体收音机的输入电路发生了什么现象，此时电路具有什么特征？

2.现在换台欲收听调频为720kHz的广播，应将可变电容C调至多少？

3.为了使该收音机的选频特性好，应怎样改变电路的参数？

第一节　正弦交流电的基本概念

PPT

一、正弦量的三要素

在交流电路中，将随时间按正弦规律变化的电压、电流、电动势等物理量统称为正弦量，如图2-1所示为一正弦交流电流的波形。

正弦量的特征表现在变化的大小、快慢和初始值三个方面，分别用幅值（有效值）、周期（频率）和初相位来表示，称这三个物理量为正弦量的三要素。

（一）瞬时值、幅值和有效值

1.瞬时值　正弦量在任一时刻t的取值称为瞬时值，用小写字母来表示，例如电流i、电压u和电动势e。

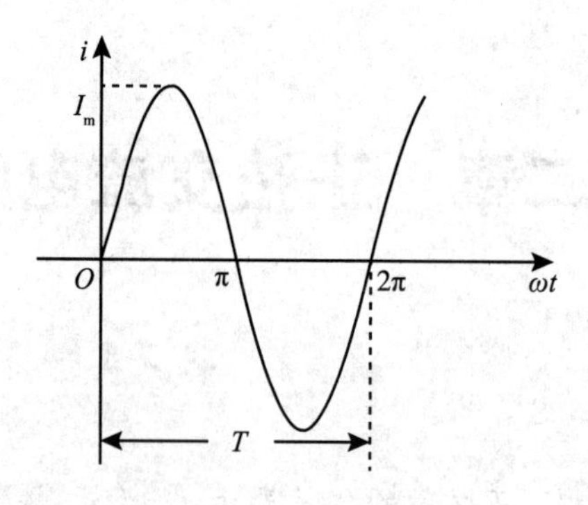

图2-1　正弦电流波形

2.幅值　也称为最大值、峰值，是交变过程中各个瞬时值中最大的取值，用带有下标“m”的小写字母来表示，如电流幅值I_m、电压幅值U_m、电动势幅值E_m。幅值反映了正弦量变化的范围，如图2-1所示。

根据正弦电流波形图2-1，可以写出电流的表达式

$$i = I_m \sin\omega t \tag{2-1}$$

如果将电流换成其他正弦量，也可得到

$$u = U_m \sin\omega t \tag{2-2}$$

$$e = E_m \sin\omega t \tag{2-3}$$

3.有效值　除了瞬时值和幅值，通常还用有效值来表示正弦量。在电工技术中，电流会表现出热效应，因此假设通过两个相同电阻R的直流电流I和交流电流i，经过同一时间T，它们发出的热量相等，那么就把此直流电流I的大小作为此交流电i的有效值。

由焦耳定律可得

$$\int_0^T Ri^2 \mathrm{d}t = RI^2 T$$

因此电流的有效值为

$$I = \sqrt{\frac{1}{T}\int_0^T I_m^2 \sin^2\omega t \mathrm{d}t}$$

$$I = \frac{I_m}{\sqrt{2}} \tag{2-4}$$

同理，正弦交流电压的有效值为

$$U = \frac{U_m}{\sqrt{2}} \tag{2-5}$$

正弦交流电动势有效值为

$$E = \frac{E_m}{\sqrt{2}} \tag{2-6}$$

正弦交流电的有效值和幅值都可以表示交流电的大小，平常所说的正弦量的大小，如无特殊说明，均指的都是有效值。例如，万用表的示数，铭牌上的额定电压、额定电流等参数，均是有效值。

医药大学堂 WWW.YIYAODXT.COM

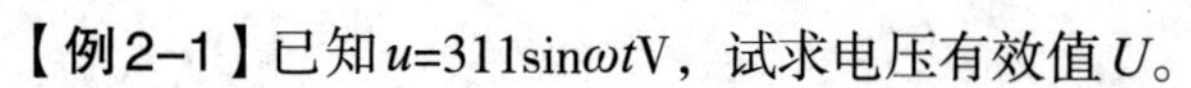

【例2-1】已知u=311sinωtV，试求电压有效值U。

解：
$$U = \frac{U_m}{\sqrt{2}} = \frac{311}{\sqrt{2}}V = 220V$$

（二）周期和频率

1. 周期　正弦量完整变化一次所需要的时间，称为周期，用T表示，单位为s，如图2-1所示。

2. 频率　正弦量1s内变化的周数称为频率，用f来表示，单位是Hz。

频率和周期互为倒数，即

$$f = \frac{1}{T} \text{或} T = \frac{1}{f} \tag{2-7}$$

我国工业用电的标准频率（简称工频）为50Hz，周期为0.02s。有些国家和地区如美国、日本、加拿大等采用的工频为60Hz。不同的频率对电网供电的各方面影响是不一样的，一个国家的电网频率是固定的，具体频率的多少由各个国家自己按照国际习惯定义或者自己定义。

除了工频，还有其他的频率也被广泛使用，例如音频信号的频率为20Hz~20kHz，电气牵引使用10Hz~50kHz，点冶炼炉使用50Hz~300kHz等。

3. 角频率　除了可以用周期和频率表示正弦量变化的快慢，还可采用角频率来表示正弦量变化的快慢。正弦量变化一周经历了2πrad（弧度），1s内经历了多少弧度用角频率ω来表示，单位为弧度/秒（rad/s）。角频率和周期、频率之间的关系为

$$\omega = 2\pi f \text{或} \omega = \frac{2\pi}{T} \tag{2-8}$$

如果知道频率、周期、角频率其中一个，便可求出其他的两个。例如，已知某电器额定频率f为20Hz，则可以求出它的周期为$T = \frac{1}{f} = 0.05s$，$\omega=2\pi f=125.6rad/s$。

【**例2-2**】已知一交流电的频率为50Hz，求它的周期T和角频率ω。

解：
$$T = \frac{1}{f} = \frac{1}{50} = 0.02s$$

$$\omega = 2\pi f = 2 \times 3.14 \times 50rad/s = 314rad/s$$

（三）相位、初相位和相位差

1. 相位　正弦量的瞬时值的大小与时间t有关，若电流波形起始的位置在横轴φ处，如图2-2所示。

该正弦电流函数表达式为

$$i = I_m \sin(\omega t + \varphi) \tag{2-9}$$

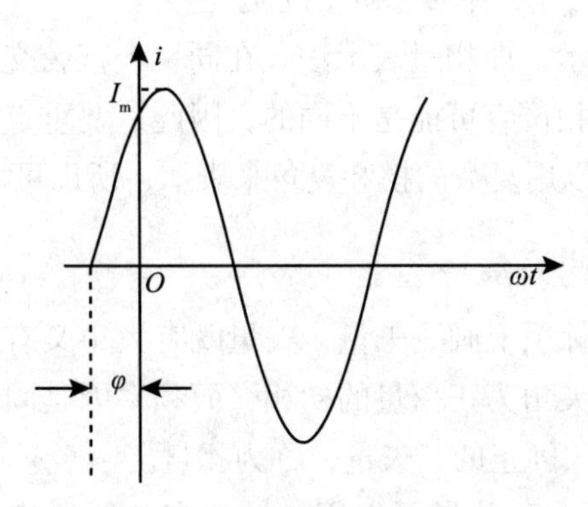

图2-2　初相为φ的正弦电流

由式（2-9）可知，如果t是确定的，那么$\omega t+\varphi$也是一定的，这时电流取值也是一定的，将$\omega t+\varphi$称为正弦量的相位角，简称相位，单位为弧度。

相位反映了正弦量的进程，也确定了正弦量瞬时值的大小、方向。

2.初相位 当t=0时，此时相位角等于φ，称φ为初相位。如果初相位不同，那么到达幅值或某个特定值所需要的时间也是不同的。

3.相位差 假设两个正弦量$i_1(t)$、$i_2(t)$的频率相同，其瞬时表达式分别为$i_1=I_{m_1}\sin(\omega t+\varphi_1)$，$i_2=I_{m_2}\sin(\omega t+\varphi_2)$。它们的初相分别为$\varphi_1$、$\varphi_2$，两者的相位之差为$(\omega t+\varphi_1)-(\omega t+\varphi_2)=\varphi_1-\varphi_2$，称$\varphi_1-\varphi_2$为相位差。相位差等于它们初相位之差，与时间无关。

当$\varphi_1-\varphi_2>0°$时，i_1比i_2先到达最大值，在相位上i_1超前i_2；

当$\varphi_1-\varphi_2<0°$时，i_2比i_1先到达最大值，在相位上i_2超前i_1；

当$\varphi_1-\varphi_2=0°$时，i_1与i_2同时到达最大值，在相位上i_1与i_2同相；

当$\varphi_1-\varphi_2=180°$时，i_1与i_2在相位上反相。

【例2-3】已知正弦交流电流$i_1(t)$和$i_2(t)$在参考方向相同，它们的瞬时表示式为

$$i_1(t)=100\sin(314t+100°)\text{ A}，i_2(t)=50\sin(314t+100°)\text{ A}。$$

（1）求$i_1(t)$和$i_2(t)$的相位差，哪个电流超前？

（2）若改变$i_2(t)$的参考方向，再求两者的相位差，哪个超前？

解：

（1）相位差$\varphi=\varphi_1-\varphi_2=100°-(-100°)=200°$

一般两个同频率的正弦量的相位差的绝对值在180°范围以内，所以$\varphi=200°-360°=-160°$，可见$i_2(t)$超前$i_1(t)$ 160°。

（2）若改变$i_2(t)$的参考方向，则

$$\begin{aligned} i_2(t) &= -50\sin(314t-100°)\text{ A} \\ &= 50\sin(314t-100°+180°)\text{ A} \\ &= 50\sin(314t+80°)\text{ A} \end{aligned}$$

因此两者的相位差变为$\varphi=\varphi_1-\varphi_2=100°-80°=20°$，可见$i_1(t)$超前$i_2(t)$ 20°。

在同一个正弦交流电路中，很多正弦量，比如电压、电流、电动势的频率是相同的，但是初相位不一定是相同的。在以后的学习中，常用到相位差来表示它们之间的相位关系。

二、正弦量的相量表示法

正弦量的表示方法有三角函数式、波形图、相量图（式）等。前面讲过如何利用三角函数来表示正弦量，如$i=I_m\sin(\omega t+\varphi)$表示了正弦电流的变化规律，这种方法是正弦量的基本表示方法，包含了正弦量的三要素：幅值I_m，频率ω，初相位φ。

正弦量还可以用复数来表示，即相量表示法。在同一个正弦交流电路中，各个正弦量的频率是相同的，但它们的幅值和初相位有可能是不同的，因此，要重点研究各个正弦量的幅值和初相位。正弦量的幅值和初相位可以用复数的模和复角来表示，所以可以用相量来表示正弦量。

（一）相量及正弦量的对应关系

1.相量 在一平面直角坐标系上画一矢量，矢量既有大小又有方向，它的长度等于正弦量的幅值，它与横轴正方向之间的夹角为正弦量的初相，而频率因是固定的也可不必再标明，这种仅反映正弦量的幅值和初相位的“静止的”矢量，称为相量。

医药大学堂
WWW.YIYAODXT.COM

2.用相量表示正弦量 一个正弦量可以用旋转的有向线段来表示。图2-3所示，有向线段

的长度A为正弦量的幅值I_m；有向线段初始位置与横轴的夹角表示正弦量的初相位φ；有向线段逆时针旋转的角速度表示正弦量的角频率ω。有向线段在纵轴的投影的变化就是正弦电流$i=I_m\sin(\omega t+\varphi)$的波形。

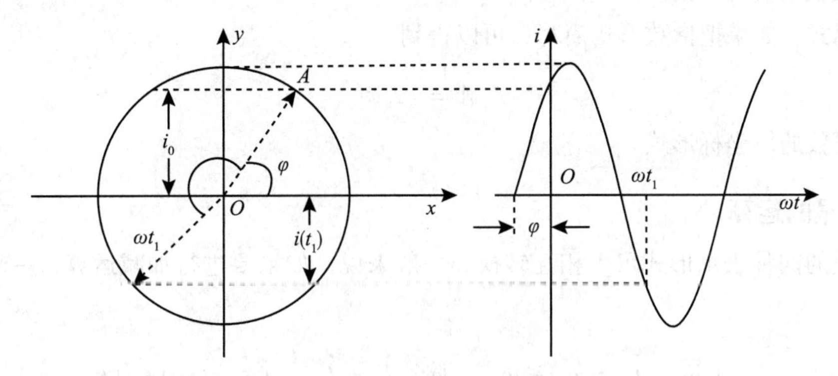

图2-3 旋转有向线段来表示正弦量

可以发现，有向线段A具有三个特点，这三个特点正好是正弦量的三要素，因此可以用来表示正弦量。正弦量的瞬时值也就是有向线段在纵轴上的投影。例如，当$t=0$时，$i(0)=I_m\sin\varphi$；当$t=t_1$时，$i(t_1)=I_m\sin(\omega t_1+\varphi)$。

微课

（二）正弦量的相量表示

正弦量可以用有向线段来表示，而有向线段又可以用复数来表示，因此正弦量也可以用复数来表示。表示的正弦量复数就是相量，用大写字母上加一点来表示。例如$\dot{I}_m$、$\dot{U}_m$、$\dot{E}_m$表示电流、电压、电动势的幅值相量；$\dot{I}$、$\dot{U}$、$\dot{E}$表示电流、电压、电动势的有效值相量。下面将介绍代数式、三角函数式、指数式和极坐标式四种相量形式表示方法。

1. 代数式 在复平面坐标系中，横轴为实轴，用+1来表示；纵轴为虚轴，用+j来表示，j=1为虚数单位。对于任何一个有向线段可以用$A=a+jb$来表示，如图2-4所示，其中，a代表有向线段对实轴的投影，$a=r\cos\varphi$，为复数的实部；b代表有向线段A虚轴的投影，$b=r\sin\varphi$，为复数的虚部。$r=\sqrt{a^2+b^2}$为复数的模；$\varphi=\arctan\left(\frac{b}{a}\right)$为复数的复角，表示有向线段与实轴正方向的夹角。

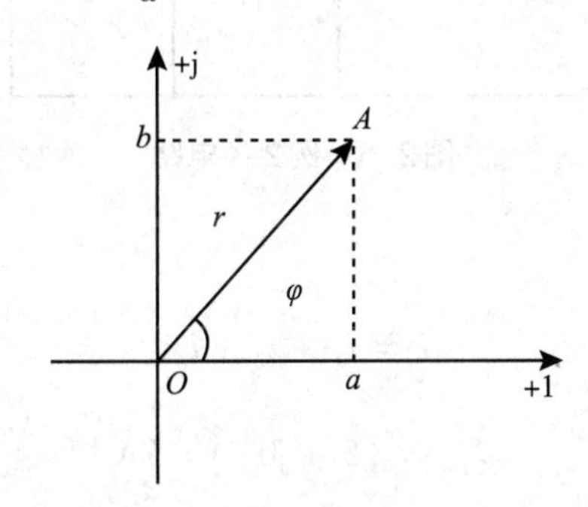

图2-4 有向线段的复数表示

2. 三角函数式 由对复数的分析可知

$$A=r\cos\varphi+\mathrm{j}r\sin\varphi$$

这就是复数的三角函数式。

3. 指数式 根据欧拉公式

$$e^{\mathrm{j}\varphi}=\cos\varphi+\mathrm{j}\sin\varphi$$

可得

$$A = re^{j\varphi}$$

这个形式就是复数的指数形式。

4.极坐标式 如果把指数形式简写，可以得到

$$A = r\angle\varphi$$

这就是复数的极坐标形式。

（三）相量的运算

以上复数的四种表示形式可以相互转换，一般来说，如果要进行加减运算，一般用代数式来求解，例如：

$$\dot{I}_1 = a_1 + jb_1\text{，}\dot{I}_2 = a_2 + jb_2\text{，那么 }\dot{I}_1 \pm \dot{I}_2 = (a_1 \pm a_2) + j(b_1 \pm b_2)$$

相量的加减法也可以用平行四边形法则来求解，相量的乘除法一般用指数式或者极坐标式来解决。如：

$$\dot{I}_1 = a_1 + jb_1 = r_1e^{j\varphi_1} = r_1\angle\varphi_1\text{，}\dot{I}_2 = a_2 + jb_2 = r_2e^{j\varphi_2} = r_2\angle\varphi_2$$

那么

$$\dot{I}_1 \cdot \dot{I}_2 = r_1 \cdot r_2e^{j(\varphi_1+\varphi_2)} = r_1 \cdot r_2\angle\varphi_1 + \varphi_2$$

$$\dot{I}_1 \div \dot{I}_2 = r_1 \div r_2e^{j(\varphi_1-\varphi_2)} = r_1 \div r_2\angle\varphi_1 - \varphi_2$$

【**例2-4**】电路如图2-5所示，已知：i_1=5sinωt，i_2=8sin（ωt-30°），i_3=10sin（ωt+90°），求i。

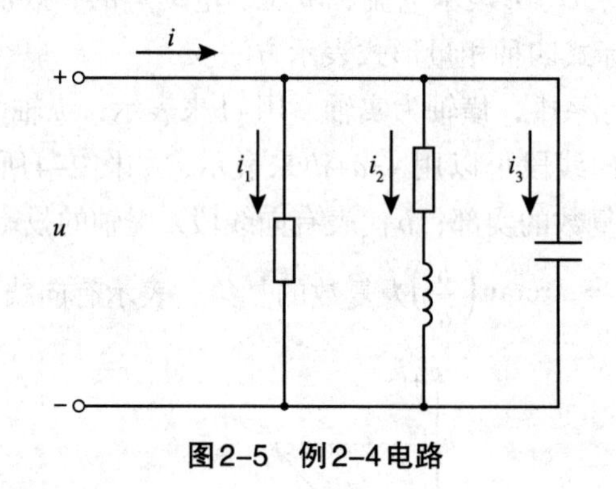

图2-5 例2-4电路

解：由基尔霍夫电流定律得

$$i = i_1 + i_2 + i_3$$

由 $i_1 = 5\sin\omega t$ A得： $\dot{I}_{1m} = (5 + j0)\text{A} = 5\text{A}$

由 $i_2 = 8\sin(\omega t - 30°)$ A得： $\dot{I}_{2m} = (6.928 - j4)\text{A}$

由 $i_3 = 10\sin(\omega t + 90°)$ A得： $\dot{I}_{3m} = (0 + j10)\text{A}$

$$\dot{I}_m = \dot{I}_{1m} + \dot{I}_{2m} + \dot{I}_{3m} = (11.928 + j6)\text{A} = 13.35\angle 26.7°\text{A}$$

所以 $i = 13.35\sin(\omega t + 26.7°)$ A

可以把频率相同的正弦量画在一个图中来表示它们的大小和初相位关系，这个图称为相量图，如图2-6所示。在相量图中，可以更直观地看出各个正弦量的相位关系。

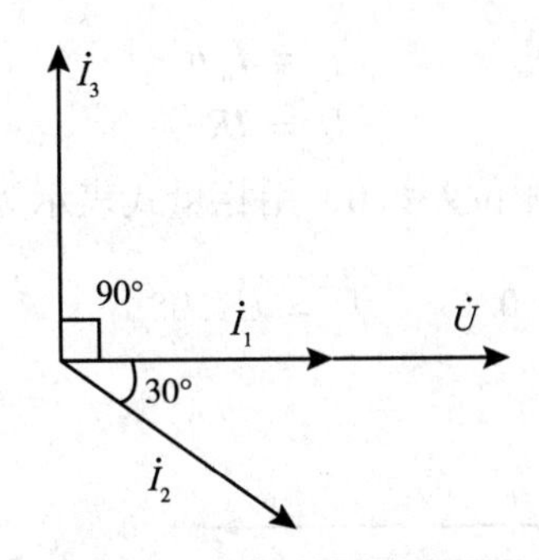

图2-6　相量的超前与滞后

必须注意：

（1）只有同频率的正弦量，才可以进行运算，并且可以画在同一个相量图中。

（2）在相量运算过程中，应首先将正弦量写成所需要的相量形式，然后再根据要求进行运算得到相应的相量，再由该相量写成对应的正弦量的瞬时表达式。

第二节　单一参数的正弦交流电路

电阻元件、电感元件和电容元件是组成电路的基本元件，它们组成的正弦交流电路是最简单的交流电路，因此分析由这三个单一元件组成的交流电路具有普遍意义。

一、电阻元件的正弦交流电路

电阻元件组成的电路是最简单的交流电路，由交流电源和电阻元件组成，在日常生活中的电热毯、白炽灯、电烙铁等，都是电阻性负载。

（一）电阻元件的电压与电流的关系

如图2-7所示，当电阻元件两端加上正弦交流电压时，电阻中就有正弦交流电流通过，电阻上电压和电流的瞬时值满足欧姆定律。

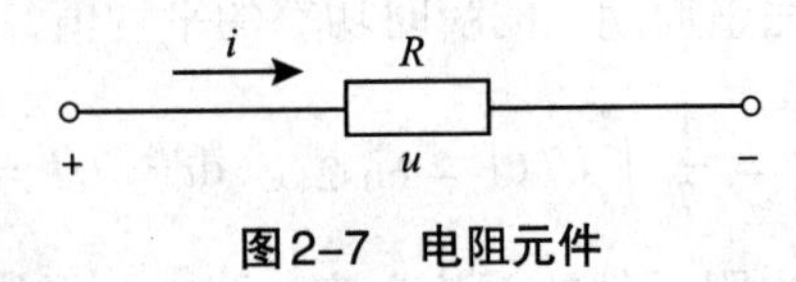

图2-7　电阻元件

因此有

$$u = iR$$

假设

$$i = I_m \sin\omega t = \sqrt{2} I \sin\omega t$$

那么

$$u = I_m R \sin\omega t = \sqrt{2} IR \sin\omega t$$

因此，可以发现电阻元件的交流电路中电压和电流的关系如下。

（1）电阻元件通过正弦交流电时，电压和电流是频率相同的正弦量。

（2）电压和电流的最大值和有效值均满足欧姆定律。

医药大学堂 WWW.YIYAODXT.COM

$$U_m = I_m R$$
$$U = IR$$

（3）电压和电流的相位相同，相位差为0，用相量式表示为：

$$\dot{I} = I\angle 0° \qquad \dot{U} = U\angle 0° \qquad \dot{U} = \dot{I}R$$

用相量图表示如图2–8所示。

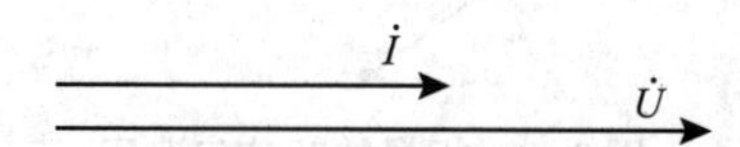

图2–8　电阻元件电压与电流的相量图

（二）电阻元件的功率

1.瞬时功率　由$i = I_m \sin\omega t$，$u = U_m \sin\omega t$

$$得 p = ui = \sqrt{2}U\sin\omega t \times \sqrt{2}I\sin\omega t = 2UI\sin^2\omega t = UI(1 - \cos2\omega t)$$

功率的波形如图2–9所示，可以发现电阻的瞬时功率随时间发生变化，总是$p \geqslant 0$。因此电阻元件是耗能元件，它总是从电源取用功率。

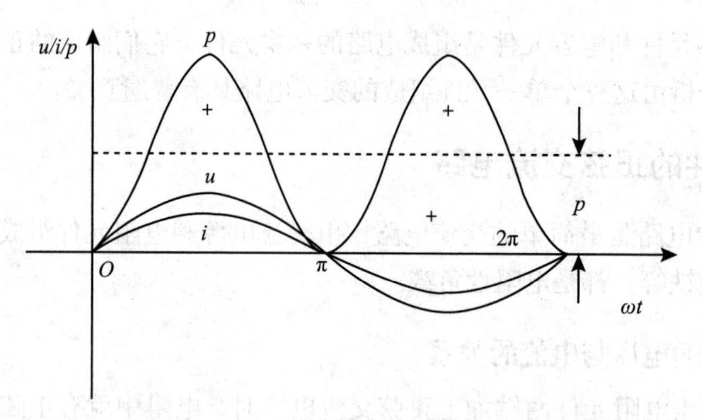

图2–9　电阻元件的功率波形

2.有功功率　指的是在一个完整周期内的瞬时功率的平均值，因此有功功率又称平均功率。

$$P = \frac{1}{T}\int_0^T p\mathrm{d}t = \frac{1}{T}\int_0^T UI(1 - \cos2\omega t)\mathrm{d}t = UI = \frac{U^2}{R} = I^2R \tag{2-10}$$

由式（2–10）可以发现，在电阻元件的正弦交流电路中，平均功率为电压的有效值与电流有效值的乘积，通常有功功率也简称为功率。

【例2–5】设加在功率为880W用电器上的电压为$u = 220\sqrt{2}\sin\left(\omega t + \frac{\pi}{6}\right)$V，求该用电器的电阻和通过该用电器的电流，并写出电流的解析式。

解：

由$u = 220\sqrt{2}\sin\left(\omega t + \frac{\pi}{6}\right)$V 得　$U_m = 220\sqrt{2}$V，$U = 220$V

由$P = UI = \frac{U^2}{R} = I^2R$ 得 $I = \frac{P}{U} = \frac{880\text{W}}{220\text{V}} = 4\text{A}$，$R = \frac{U}{I} = \frac{220\text{V}}{44\text{A}} = 55\Omega$

由于电阻元件的交流电路的频率相同，相位差为0，可得$i = 4\sqrt{2}\sin\left(\omega t + \frac{\pi}{6}\right)$A。

二、电感元件的正弦交流电路

（一）电感元件的概述

电感是由导线绕制而成的，是导线内通过交流电流时，在导线的周围产生交变磁通。根据法拉第电磁感应定律来分析，变化的磁通在线圈两端会产生感应电动势，此感应电动势相当于一个“新电源”。

感应电动势的大小等于磁通的变化率，大小为$|e| = \left|\frac{d\varphi}{dt}\right|$，其中$e$为电动势，单位是V，$\varphi$为穿过线圈的磁通，单位为伏秒（V·S），通常称为韦[伯]（W·b）。

选取感应电动势的参考方向与磁通的参考方向之间符合安培定则，则有

$$e = -\frac{d\varphi}{dt}$$

e的大小与线圈匝数成正比，如果线圈匝数为N，而且缠绕紧密，当电流流过线圈绕组时，其周围产生了磁场，线圈内部产生了磁链，那么N匝线圈产生的感应电动势的大小为

$$e = -N\frac{d\varphi}{dt} = -\frac{d\Psi}{dt}$$

其中$\Psi=N\varphi$，当磁链的方向与电流的方向符合右手定则时，磁链与电流成正比，即

$$L = \frac{\psi}{i}$$

这个比值称为绕组的电感，也称为自感，单位为亨［利］(H)。具有电感参数特性的元件称为电感。

$$e_L = -L\frac{di}{dt}$$

根据基尔霍夫电压定律$u + e_L = 0$，所以$u = L\frac{di}{dt}$。

由以上分析，可以知道：①电感的大小与线圈的匝数有关，匝数多，电感大，产生的感应电动势相对较大；匝数少，电感小，产生的感应电动势相对较小。②电感的大小与电流的变化率成正比，与电流大小无关。③如果电感通过直流电，那么$\frac{di}{dt}$为0，产生的感应电动势为0，电感元件视为短路。

同电阻元件一样，电感元件的正弦交流电路的分析也主要考虑两个方面，一是电压与电流的关系；二是功率。

（二）电感元件的电压和电流的关系

如图2-10所示，假设通过电感元件的正弦交流电流为

$$i = I_m \sin\omega t \qquad (2-11)$$

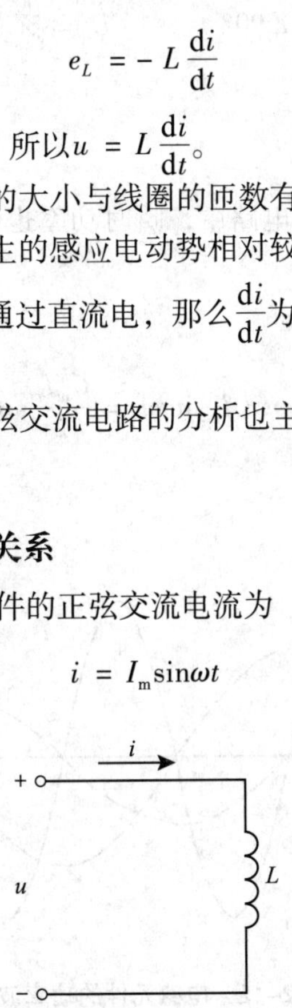

图2-10　电感元件

由公式$u = L\dfrac{\mathrm{d}i}{\mathrm{d}t}$得

$$u = L\frac{\mathrm{d}(I_{\mathrm{m}}\sin\omega t)}{\mathrm{d}t} = \omega LI_{\mathrm{m}}\cos\omega t = \omega LI_{\mathrm{m}}\sin\left(\omega t + \frac{\pi}{2}\right) = U_{\mathrm{m}}\sin\left(\omega t + \frac{\pi}{2}\right) \tag{2-12}$$

1. 感抗 由分析可知$\omega LI_{\mathrm{m}}=U_{\mathrm{m}}$，那么$\dfrac{U_{\mathrm{m}}}{I_{\mathrm{m}}} = \dfrac{U}{I} = \omega L$。将$\omega L$称为感抗，用$X_L$来表示，即

$$X_L = \omega L = 2\pi fL \tag{2-13}$$

由式（2-13）可知：①当电感电路中通过的电流是直流电流，也就是说频率为零时，电路中感抗大小为零，电感对电路没有阻碍作用，相当于短路；②当电感电路中通过的电流是交流电流，随着f的增大，电路中的感抗也随之增大，对电流的阻碍作用也就越大。因此电感具有通直流阻交流、通低频阻高频的特点。

2. 电感元件电压与电流的关系 由式（2-11）（2-12）可知，电感电路中电流和电压存在以下关系。

（1）电感元件的电压和电流是同频率的正弦量。

（2）电感元件的电压和电流的最大值和有效值之间满足欧姆定律，即

$$\frac{U_{\mathrm{m}}}{I_{\mathrm{m}}} = \frac{U}{I} = \omega L = X_L$$

（3）在关联参考方向的情况下，电感元件的电压和电流的初相位相差90°，并且是电压超前电流90°。

用相量表示电压与电流的关系为：

$$\dot{I} = I\angle 0^\circ \qquad \dot{U} = U\angle 90^\circ \qquad \dot{U} = \mathrm{j}X_L\dot{I}$$

相量图如图2-11所示。

图2-11 电感元件的电压与电流的相量图

（三）电感元件的功率

1. 瞬时功率 在电感元件的正弦电路中，瞬时功率也是随着时间发生变化的。

由$u = U_{\mathrm{m}}\cos\omega t$，$i = I_{\mathrm{m}}\sin\omega t$得

$$p = ui = U_{\mathrm{m}}\cos\omega t \cdot I_{\mathrm{m}}\sin\omega t = \frac{U_{\mathrm{m}}I_{\mathrm{m}}}{2}\sin 2\omega t = UI\sin 2\omega t \tag{2-14}$$

功率的波形如图2-12所示。

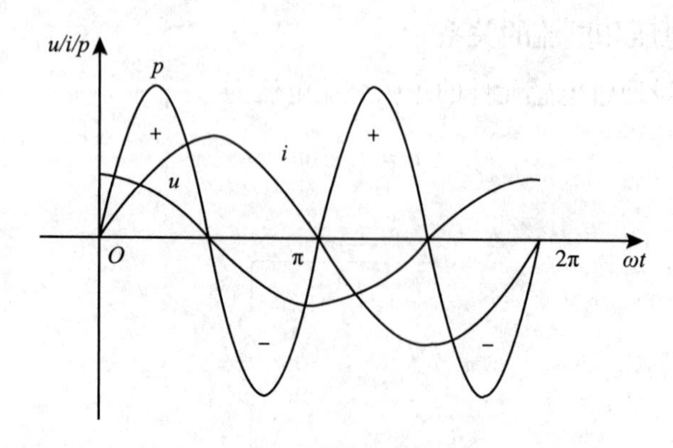

图2-12 电感元件的功率波形

从图2-12可以发现，电感元件的瞬时功率的频率为电源频率的2倍，电感在第1个1/4周期和第3个1/4周期内，$p>0$，表示从电源吸收能量，并将此能量转换为磁能储存起来；在第2个1/4周期和第4个1/4周期内，$p<0$，表示释放能量，并将磁能转换为电能送回电源。

2.有功功率　电感元件的有功功率也指的是在一个完整周期内瞬时功率的平均值，也称为平均功率，用P表示。

$$P = \frac{1}{T}\int_0^T p\mathrm{d}t = \frac{1}{T}\int_0^T UI\sin 2\omega t\mathrm{d}t = 0$$

有功功率为0说明电感是一个储能元件，不是耗能元件，它只是与电源间不断地进行了能量交换，将电感的磁能和电源的电能进行交换，这是一个可逆的能量转换过程。

3.无功功率　电感元件的正弦交流电路中，电感与电源之间进行了能量交换，而没有消耗功率。其交换功率的大小要用无功功率Q来表示，单位是乏（var），即

$$Q = UI = \frac{U^2}{X_L} = I^2X_L \tag{2-15}$$

【例2-6】已知一只电感为2H的电感元件，接到频率为f_1=50Hz、电压有效值为220V的正弦电源上，求该电感的电流和无功功率是多少？若电源的频率变为f_2=1000Hz，求此时的电感的电流和无功功率是多少？

解：由题意可得

（1）当f_1=50Hz时

$$X_{L_1} = \omega_1 L = 2\pi f_1 L = 2\times 3.14\times 50\times 2 = 628\Omega$$

$$I_1 = \frac{U_1}{X_{L_1}} = \frac{220\text{V}}{628\Omega} = 0.35\text{A}$$

$$Q_1 = UI_1 = 220\text{V}\times 0.35\text{A} = 77\text{var}$$

（2）f_2=1000Hz

$$X_{L_2} = \omega_2 L = 2\pi f_2 L = 2\times 3.14\times 1000\times 2 = 12560\Omega$$

$$I_2 = \frac{U_2}{X_{L_2}} = \frac{220\text{V}}{12560\Omega} = 0.018\text{A}$$

$$Q_2 = UI_2 = 220\text{V}\times 0.018\text{A} = 3.96\text{var}$$

三、电容元件的正弦交流电路

（一）电容元件的概述

1.电容参数　电容器是储存电量的元件，用电容量衡量其储存电荷的能力，电容器储存的电荷量q与其上的电压成正比，即$C=q/U$。

电容用C表示，基本单位为法拉（F）。在实际应用中，电容器的电容量往往比1F小得多，常用较小的单位，如毫法（mF）、微法（μF）、纳法（nF）、皮法（pF）等。它们的关系是$1\text{F}=10^6\mu\text{F}=10^{12}\text{pF}$。

在电工电子技术中，电容器常用来实现滤波、旁路、选频、隔直流通交流等作用；在电力系统中，电容被用来改善其功率因数，降低电能的损耗，提高设备的利用率。

2.电容的伏安关系　电容器的电磁特性是，当极板间的电荷量或者电压发生变化，那么电路中的电流便会随之发生变化。选定电容上电压与电流的参考方向为关联参考方向时，电容的伏安关系为

$$i = \frac{\mathrm{d}q}{\mathrm{d}t} = C\frac{\mathrm{d}u}{\mathrm{d}t} \tag{2-16}$$

由式（2-16）可知：

（1）当电容两端为直流电压，则$\frac{\mathrm{d}u}{\mathrm{d}t} = 0$，电容元件没有电流，视为开路。

（2）当$\frac{\mathrm{d}u}{\mathrm{d}t} > 0$时，视为电容的充电储存能量过程。

（3）当$\frac{\mathrm{d}u}{\mathrm{d}t} < 0$时，视为电容的放电释放能量过程。

（4）电容的电流与电压的变化率成正比，与电压的大小无关。

（二）电容元件的电压和电流的关系

若对电容元件施加一正弦交流电，其电压与电流参考方向关联，如图2-13所示。

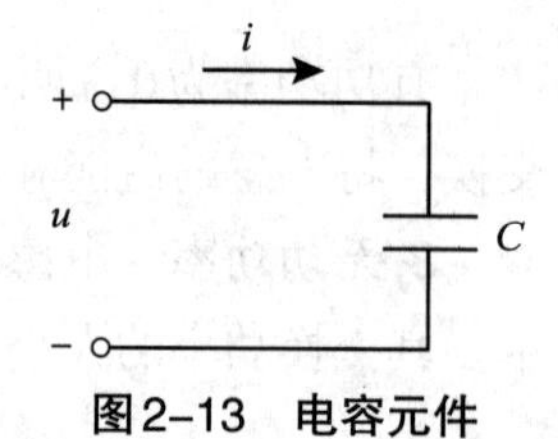

图2-13　电容元件

设

$$u = U_{\mathrm{m}}\sin\omega t \tag{2-17}$$

则

$$i = C\frac{\mathrm{d}u}{\mathrm{d}t} = C\frac{\mathrm{d}(U_{\mathrm{m}}\sin\omega t)}{\mathrm{d}t} = \omega CU_{\mathrm{m}}\cos\omega t = \omega CU_{\mathrm{m}}\sin\left(\omega t + \frac{\pi}{2}\right) \tag{2-18}$$

1.容抗　由式（2-18）可得$I_{\mathrm{m}} = \omega CU_{\mathrm{m}}$　或者$U_{\mathrm{m}} = \frac{I_{\mathrm{m}}}{\omega C}$，$\frac{U_{\mathrm{m}}}{I_{\mathrm{m}}} = \frac{U}{I} = \frac{1}{\omega C}$

将电容元件在正弦电路中的电压的幅值（或有效值）与电流的幅值（或有效值）的比值称为容抗，即$\frac{1}{\omega C}$，用X_C来表示。容抗表示电容元件对电流的阻碍能力，单位为Ω。

$$X_C = \frac{U_{\mathrm{m}}}{I_{\mathrm{m}}} = \frac{U}{I} = \frac{1}{\omega C} = \frac{1}{2\pi fC} \tag{2-19}$$

由式（2-19）可知：

（1）在电容元件的正弦电路中，如果通过直流电路，那么f=0，此时X_C为∞，相当于电容是开路状态。

（2）在电容元件的正弦电路中，如果f越大，那么对电路的阻碍作用越小。

（3）电容具有通交流阻直流、通高频阻低频的作用。

2.电容元件电压与电流的关系　由式（2-17）、式（2-18）可知：

（1）在电容元件的正弦电路中，电压和电流频率是相同的正弦量。

（2）电容元件的电压和电流的最大值和有效值之间满足欧姆定律，即

$$\frac{U_{\mathrm{m}}}{I_{\mathrm{m}}} = \frac{U}{I} = \frac{1}{\omega C}$$

（3）在关联参考方向的情况下，在电容元件的正弦电路中，u和i的相位差为90°，并且电流超前电压90°，用相量式来表示：

$$\dot{U} = U\angle 0°,\ \dot{I} = I\angle 90°,\ \dot{U} = -\mathrm{j}X_C\dot{I}$$

电感元件的电压与电流的相量图如图2-14所示。

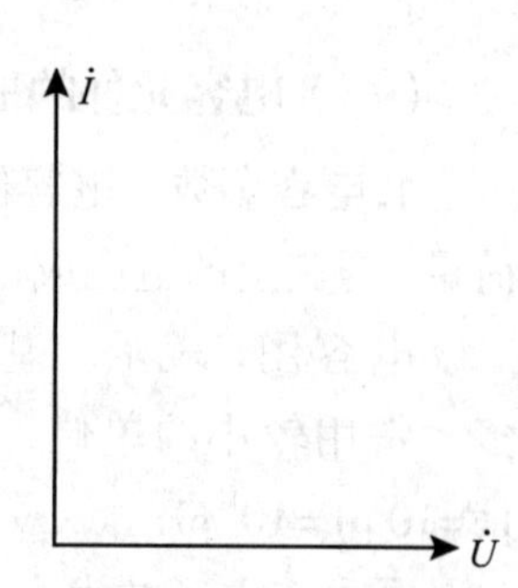

图2-14　电容元件的电压与电流的相量图

（三）电容元件的功率

1.瞬时功率

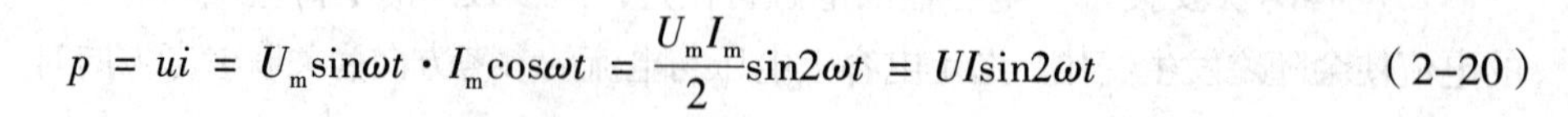

$$p = ui = U_{\mathrm{m}}\sin\omega t \cdot I_{\mathrm{m}}\cos\omega t = \frac{U_{\mathrm{m}}I_{\mathrm{m}}}{2}\sin 2\omega t = UI\sin 2\omega t \tag{2-20}$$

医药大学堂 WWW.YIYAODXT.COM

瞬时功率的波形图如图2-15所示。

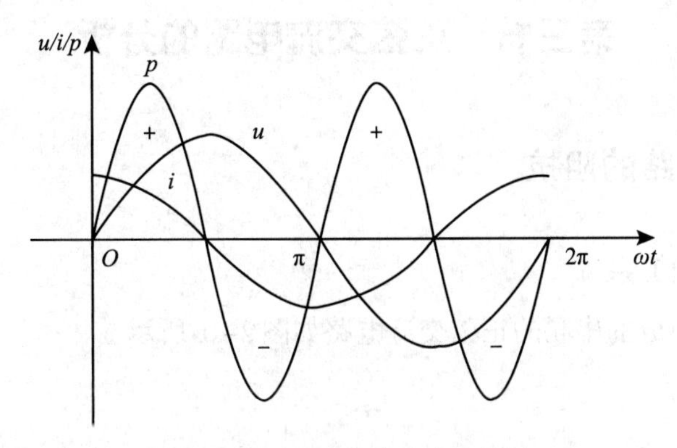

图2-15 电容元件的功率波形

从瞬时功率的波形可以发现，电容元件的正弦交流电路中，其瞬时功率也是时刻发生变化的，电容元件的瞬时功率的频率为电源频率的2倍，电容在第1个1/4周期和第4个1/4周期内，$p>0$，表示从电源吸收能量，并将此能量转换为磁能储存起来；在第2个1/4周期和第3个1/4周期内，$p<0$，表示释放能量，并将磁能转换为电能送回电源。

2.有功功率 电容元件的正弦交流电路中的有功功率也指的是在一个完整周期内瞬时功率的平均值，也称为平均功率，用P表示。

$$P = \frac{1}{T}\int_0^T p\mathrm{d}t = \frac{1}{T}\int_0^T UI\sin 2\omega t\mathrm{d}t = 0$$

有功功率为0说明电容是一个储能元件，不是耗能元件，它只是与电源间不断地进行了能量交换，将电容的电能和电源的电能进行交换，这是一个可逆的能量转换过程。

3.无功功率 电容元件的正弦交流电路中，电容与电源之间进行了能量交换，而没有消耗功率。其交换功率的大小用无功功率Q来表示，单位是乏（var），即

$$Q = UI = \frac{U^2}{X_C} = I^2 X_C \tag{2-21}$$

【例2-7】已知一只电容为10μF的电感元件，接到频率为f_1=50Hz、电压有效值为220V的正弦电源上，求该电容的电流和无功功率是多少？若电源的频率变为f_2=1000Hz，求此时的电容的电流和无功功率是多少？

解：由题意可得

（1）当f_1=50Hz时

$$X_{C_1} = \frac{1}{\omega_1 C} = \frac{1}{2\pi f_1 C} = \frac{1}{2\times 3.14\times 50\times 10\times 10^{-6}}\Omega = 318.4\Omega$$

$$I_1 = \frac{U_1}{X_{C_1}} = \frac{220\mathrm{V}}{318.4\Omega} = 0.69\mathrm{A}$$

$$Q_1 = UI_1 = 220\mathrm{V}\times 0.69\mathrm{A} = 151.8\mathrm{var}$$

（2）f_2=1000Hz

$$X_{C_2} = \frac{1}{\omega_2 C} = \frac{1}{2\pi f_2 C} = \frac{1}{2\times 3.14\times 1000\times 10\times 10^{-6}}\Omega = 15.92\Omega$$

$$I_2 = \frac{U_2}{X_{C_2}} = \frac{220\mathrm{V}}{15.92\Omega} = 13.81\mathrm{A}$$

$$Q_2 = UI_2 = 220\mathrm{V}\times 13.81\mathrm{A} = 3038.2\mathrm{var}$$

PPT

第三节　正弦交流电路的分析

一、正弦交流电路的阻抗

（一）电压与电流的关系

电阻、电感、电容组成的串联的正弦交流电路如图2-16所示。

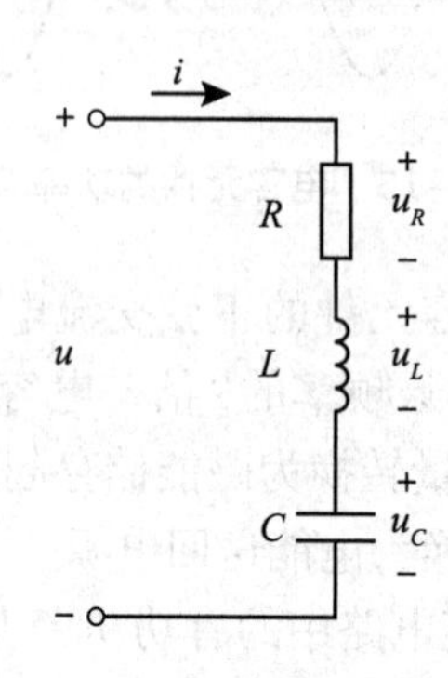

图2-16　R、L和C串联的交流电路

设电流　$i = I_m \sin\omega t$

则电阻上的电压为　$u_R = iR = RI_m \sin\omega t = U_{Rm}\sin\omega t$

其相量式为　$\dot{U}_R = \dot{I}R$

电感上的电压为　$u_L = L\dfrac{di}{dt} = \omega LI_m \sin\left(\omega t + \dfrac{\pi}{2}\right) = U_{Lm}\sin\left(\omega t + \dfrac{\pi}{2}\right)$

其相量式为　$\dot{U}_L = jX_L\dot{I}$

电容上的电压为　$u_C = \dfrac{1}{\omega C}I_m \sin\left(\omega t - \dfrac{\pi}{2}\right) = U_{Cm}\sin\left(\omega t - \dfrac{\pi}{2}\right)$

其相量式为　$\dot{U}_C = -jX_C\dot{I}$

所以

$$u = u_R + u_L + u_C = U_{Rm}\sin\omega t + U_{Lm}\sin\left(\omega t + \frac{\pi}{2}\right) + U_{Cm}\sin\left(\omega t - \frac{\pi}{2}\right)$$

相量式为

$$\dot{U} = \dot{U}_R + \dot{U}_L + \dot{U}_C = R\dot{I} + jX_L\dot{I} - jX_C\dot{I} = [R + j(X_L - X_C)]\dot{I} \tag{2-22}$$

式（2-22）称作基尔霍夫定律的相量式，其相量图如图2-17所示。

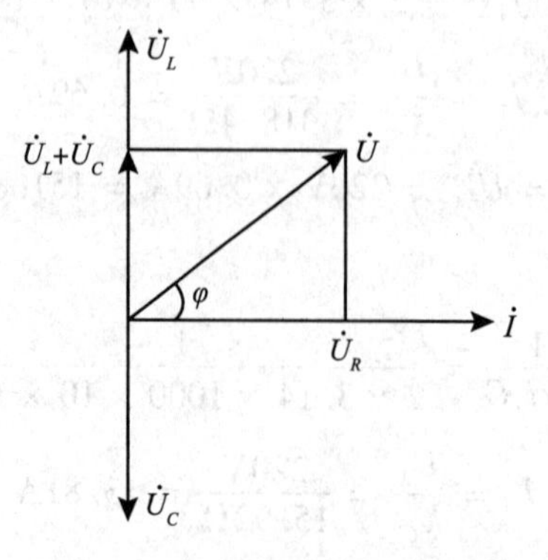

图2-17　基尔霍夫定律的相量图

医药大学堂 WWW.YIYAODXT.COM

由式（2–22）可得电路的阻抗

$$Z=\frac{\dot{U}}{\dot{I}}=R+\mathrm{j}(X_L-X_C) \tag{2–23}$$

阻抗模为

$$|Z|=\sqrt{R^2+(X_L-X_C)^2} \tag{2–24}$$

阻抗角为

$$\varphi=\arctan\left(\frac{X_L-X_C}{R}\right)=\arctan\left(\frac{U_L-U_C}{U_R}\right) \tag{2–25}$$

阻抗的单位是欧姆，阻抗模体现了阻抗的大小，阻抗角体现了电压和电流的相位关系。需要注意的是，Z是一个复数，但它不是一个相量，因此Z上面不加“·”。

当频率一定时，电压与电流的相位关系φ是由电路负载的参数来决定的。由式（2–25）可知，电路会呈现三种特性。

1. 电感性　当$X_L>X_C$，则$\varphi>0°$，此时电压超前电流φ，电路为电感性电路。

2. 电阻性　当$X_L=X_C$，则$\varphi=0°$，此时电压与电流同相，电路为电阻性电路。

3. 电容性　当$X_L<X_C$，则$\varphi<0°$，此时电流超前电压φ，电路为电容性电路。

（二）电压三角形与阻抗三角形

1. 电压三角形　由$\dot{U}=\dot{U}_R+\dot{U}_L+\dot{U}_C$可知，$\dot{U}$、$\dot{U}_R$、$\dot{U}_L+\dot{U}_C$可以组成一个直角三角形，这个三角形称为电压三角形，如图2–18所示。由电压三角形可知，电源电压的有效值可以表示为

$$\begin{aligned}U&=\sqrt{{U_R}^2+(U_L-U_C)^2}\\&=\sqrt{(RI)^2+(X_LI-X_CI)^2}\\&=I\cdot\sqrt{R^2+(X_L-X_C)^2}\end{aligned} \tag{2–26}$$

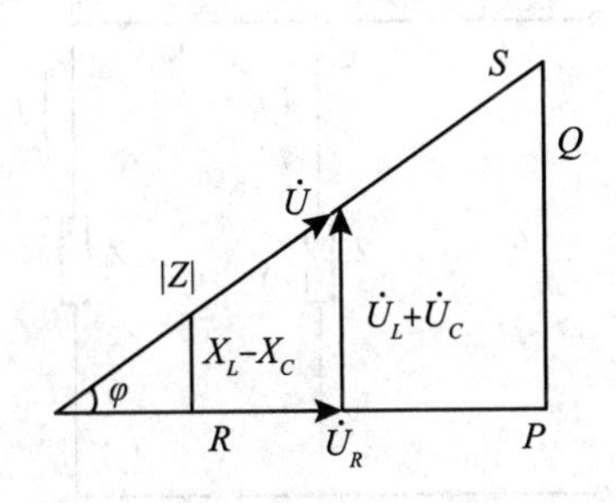

图2–18　电压、阻抗、功率三角形

2. 阻抗三角形　由式（2–26）可得

$$|Z|=\frac{U}{I}=\sqrt{R^2+(X_L-X_C)^2} \tag{2–27}$$

由式（2–27）可知$|Z|$、R、(X_L-X_C)三者也是呈现直角三角形的关系，这个三角形称为阻抗三角形。

3. 阻抗的串联和并联　阻抗Z虽然不是一个相量，但确是一个复数，其实部为“阻”，虚部为“抗”，表现出来的就是电压与电流的大小和相位关系，阻抗也有串联和并联的形式。

（1）阻抗的串联　同简单电阻串联类似，首尾相连的两个阻抗的连接方式就是串联，如图

医药大学堂 WWW.YIYAODXT.COM

2-19所示。

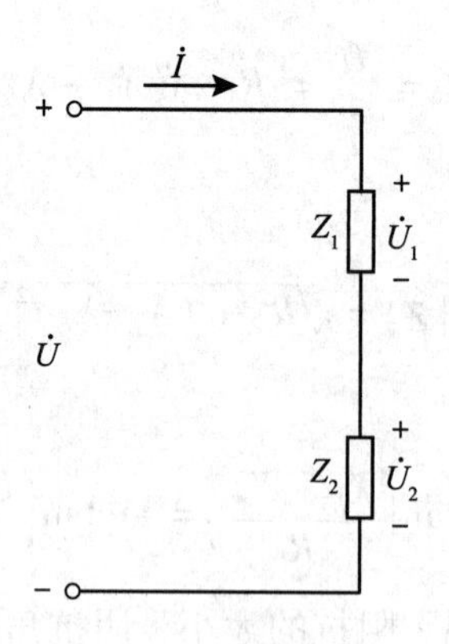

图2-19 阻抗的串联

根据基尔霍夫电压定律可知：$\dot{U}=\dot{U}_1+\dot{U}_2=\dot{I}(Z_1+Z_2)$，若用一个等效阻抗来表示就可以得到

$$Z = Z_1 + Z_2 \tag{2-28}$$

注意，在正弦交流电路中$U\neq U_1+U_2$，所以$|Z|I\neq|Z_1|I+|Z_2|I$，也就是说$|Z|\neq|Z_1|+|Z_2|$。所以，在串联阻抗的电路中，阻抗模之和不等于各个阻抗模的和。而是

$$Z = \sum Z_i = \sum R_i + j\sum X_i \tag{2-29}$$

$$|Z| = \sqrt{\left(\sum R_i\right)^2 + \left(\sum X_i\right)^2} \tag{2-30}$$

$$\varphi = \arctan\left(\frac{\sum X_i}{\sum R_i}\right) \tag{2-31}$$

（2）阻抗的并联　同简单电阻并联联类似，阻抗的并联如图2-20所示。

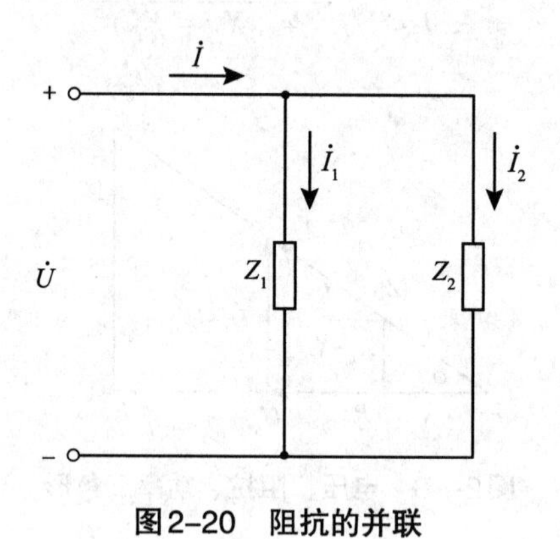

图2-20 阻抗的并联

根据基尔霍夫电流定律可得

$$\dot{I} = \dot{I}_1 + \dot{I}_2 = \frac{\dot{U}}{Z_1} + \frac{\dot{U}}{Z_2} = \dot{U}\left(\frac{1}{Z_1} + \frac{1}{Z_2}\right)$$

所以

$$\frac{1}{Z} = \frac{1}{Z_1} + \frac{1}{Z_2} \tag{2-32}$$

因为在正弦交流电路中，$I \neq I_1+I_2$，所以$\frac{U}{|Z|} \neq \frac{U}{|Z_1|}+\frac{U}{|Z_2|}$，也就是$\frac{1}{|Z|} \neq \frac{1}{|Z_1|}+\frac{1}{|Z_2|}$，并联电路的阻抗是

$$\frac{1}{Z}=\sum \frac{1}{Z_{\mathrm{i}}} \tag{2-33}$$

从阻抗的串联和并联的运算推导可知，它们的换算方法和电阻的串联和并联很像，区别就在于纯电阻电路是实数的运算，而阻抗的电路运算是复数的运算。

二、正弦交流电路的功率

在正弦交流电路中不仅有电阻元件，可能还有电感和电容元件，其中电阻元件具有耗能特性，电感和电容具有储能特性，因此可从以下几种功率来分析含电阻元件、电容元件和电感元件电路的功率特点。

（一）瞬时功率

在正弦交流电路中，设

$$i=I_{\mathrm{m}}\sin\omega t$$
$$u=U_{\mathrm{m}}\sin(\omega t+\varphi)$$

则瞬时功率可表示为

$$\begin{aligned} p &= ui \\ &= U_{\mathrm{m}}\sin(\omega t+\varphi)\cdot I_{\mathrm{m}}\sin\omega t \\ &= \frac{U_{\mathrm{m}}I_{\mathrm{m}}}{2}[\cos\varphi-\cos(2\omega t+\varphi)] \\ &= UI[\cos\varphi-\cos(2\omega t+\varphi)] \\ &= UI\cos\varphi-UI\cos(2\omega t+\varphi) \end{aligned} \tag{2-34}$$

（二）有功功率

有功功率也叫作平均功率，将瞬时功率取平均值得

$$P=\frac{1}{T}\int_0^T p\mathrm{d}t=\frac{1}{T}\int_0^T[UI\cos\varphi-UI\cos(2\omega t+\varphi)]\mathrm{d}t=UI\cos\varphi \tag{2-35}$$

又由电压三角形关系可得$U\cos\varphi=U_R=RI$，所以

$$P=UI\cos\varphi=U_RI=I^2R \tag{2-36}$$

由式（2-36）可知，有功功率为电路所消耗的功率，在电阻、电感、电容存在的交流电路中，有功功率就是电阻消耗的功率。

（三）无功功率

在电感和电容存在的交流电路中，电感和电容是不消耗能量的，而是电源电能和其他能量进行了互换，这种能量互换的规模用Q来表示，单位是var（乏）。电感和电容在电路中，都进行了能量的互换，因此无功功率为两个元件共同作用形成的，其值为

$$Q=U_LI-U_CI=(U_L-U_C)I=(X_L-X_C)I^2=UI\sin\varphi \tag{2-37}$$

式（2-37）中，若仅存在电感元件，则$\varphi=\frac{\pi}{2}$，$Q_L=U_LI_L\sin\varphi=U_LI_L>0$；若仅存在电容元

件，则$\varphi = -\frac{\pi}{2}$，$Q_C = U_C I_C \sin\varphi = U_C I_C < 0$。所以，电感性无功功率取正值，电容性无功功率取负值。电路系统中，电感和电容的无功功率常有互补作用。通常可以认为，电感“吸收”无功功率，电容“发出”无功功率。

（四）视在功率

电压与电流有效值的乘积称为视在功率，用S来表示，即

$$S = UI \tag{2-38}$$

视在功率单位为VA（伏安），电气设备的额定电压为U_N，额定电流为I_N，$S_N=U_N I_N$称为电气设备的容量，也就是额定视在功率。由数学关系可知，视在功率、有功功率和无功功率关系如下。

$$S^2 = P^2 + Q^2 \tag{2-39}$$

视在功率、有功功率和无功功率满足功率三角形关系，功率三角形如图2-18所示。

三、功率因数

（一）概述

发电机功率的输出，不仅与电压和电流的有效值有关，还与电压电流的相位差有关。如果负载电路的参数不同，那么电压和电流的相位差也是不一样的，即使同样的电压和电流，它们的有功功率和无功功率也是不同的。在此，将有功功率$P=UI\cos\varphi$中的$\cos\varphi$称为功率因数，大小由φ决定，φ称为功率因数角，大小由负载电路的参数决定。

如果负载电路是纯电阻电路，那么电压与电流相位相同，也就是说$\varphi=0°$，$\cos\varphi=1$，$P=UI$；对于非纯电阻负载电路，电压和电流相位不相同，$\cos\varphi$介于0与1之间。

【例2-8】将一台功率$P=1.1\text{kW}$的电动机，接在电源为220V、50Hz的电路中，电动机需要的电流为10A。求电动机的功率因数和功率因数角。

解：由$P = UI\cos\varphi$得，电动机的功率因数$\cos\varphi = \frac{P}{UI} = \frac{1.1 \times 10^3}{220 \times 10} = 0.5$

所以$\varphi=60°$。

（二）功率因数的提高

在日常生产生活中，负载大多为感性负载，如电动机、洗衣机、电风扇等。功率因数较低，如日光灯的功率因数为0.5，这将引起以下两个问题。

1.发电设备的容量不能充分利用 发电设备输出的有功功率为

$$P = U_N I_N \cos\varphi \tag{2-40}$$

由式（2-40）可知，当φ越大，$\cos\varphi$越小时，发电设备有功功率就越小，无功功率就越大。在电路中，负载与发电设备的能量互换的规模增大，导致设备容量利用不充分。

2.线路损耗增加 由式（2-40）可知，当放电设备的电压和输出功率一定时，电流I_N与功率因数$\cos\varphi$成反比，当功率因数较低时，则电流较大，将使得电路损耗增加。

因此，提高功率因数具有现实意义：①可以使发电设备的容量能够充分利用；②可以减小线路功率损耗，提高供电的效率；③可以减小线路压降，保障供电的质量。我国供电系统要求高压供电企业的功率因数不低于0.95，其他用电单位不低于0.9。

要提高$\cos\varphi$的值，应该尽量减小φ的大小，常用的方法就是在感性负载两端并联电容，这个电容称为补偿电容。

【例2-9】电路如图2-21所示，已知$\dot{U}=200\angle 0°\text{V}$，$R=1\Omega$，$X_L=10\Omega$，若并联一个容抗，其大小为$X_C=10\Omega$，试计算电容并联前后电路的有功功率、无功功率及功率因数。

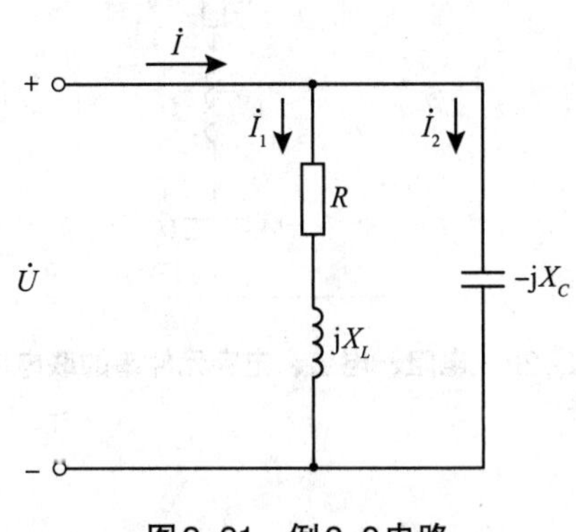

图2-21　例2-9电路

解：电容并联前

$$\dot{I}_1=\frac{\dot{U}_1}{Z_1}=\frac{200\angle 0°}{1+\text{j}10}=19.9\angle -84.3°=(1.98-\text{j}19.8)\text{A}$$

$$\cos\varphi=\cos(84.3°)=0.099$$

$$P=UI\cos\varphi=396\text{W}$$

$$Q=UI\sin\varphi=3960\text{var}$$

电容并联后

$$\dot{I}=\dot{I}_1+\dot{I}_2$$

$$\dot{I}_2=\frac{\dot{U}}{Z_2}=\frac{200\angle 0°}{-\text{j}10}=\frac{200\angle 0°}{10\angle -90°}=\text{j}20\text{A}$$

$$\dot{I}=\dot{I}_1+\dot{I}_2=1.98-\text{j}19.8+\text{j}20=1.98+\text{j}0.2=1.99\angle 5.8°\text{A}$$

$$\cos\varphi=\cos(5.8°)=0.995$$

$$P=UI\cos\varphi=396\text{W}$$

$$Q=UI\sin\varphi=-40\text{var}$$

通过例2-9可以发现，当电路并联了电容以后，电路的功率因数大大提高，但是有功功率并没有发生变化，这是因为电容是不耗能的。

第四节　正弦交流电路的谐振

PPT

在含有电感和电容元件的二端网络中，其端电压与电流一般是不同相的。若调节电路的参数或改变电源的频率，使二端网络的端电压和电流同相，则该二端网络电路就发生了谐振现象。电路发生谐振现象时，有其自身的特征，可以充分运用谐振的规律，但也要预防它所可能产生的危害。根据电路结构的不同，谐振现象可分为串联谐振和并联谐振，下面分别讨论这两种电路谐振的条件、特征及频率特性。

一、串联谐振

电阻、电感与电容元件串联的二端网络电路如图2-22所示。

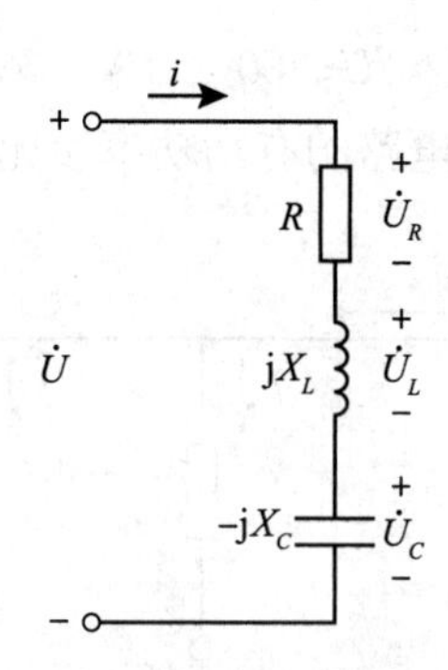

图2-22　电阻、电感、电容元件串的联电路

根据基尔霍夫定律可写出

$$\begin{aligned}\dot{U} &= \dot{U}_R + \dot{U}_L + \dot{U}_C \\ &= R\dot{I} + jX_L\dot{I} + jX_C\dot{I} \\ &= [R + j(X_L - X_C)]\dot{I}\end{aligned} \tag{2-41}$$

当电路电压与电流同相时，电路就发生了谐振现象，此时有$X_L-X_C=0$，即$X_L=X_C$。设谐振频率为f_0，则$2\pi f_0L = \dfrac{1}{2\pi f_0C}$，所以

$$f_0 = \frac{1}{2\pi\sqrt{LC}} \tag{2-42}$$

显然，当电源频率f与电路的参数L和C满足式（2-42）关系时，则电阻、电感与电容元件串联的二端网络电路就发生了谐振现象。由于该谐振现象发生在电阻、电感、电容的串联电路中，所以称为串联谐振。串联谐振具有以下特征。

（1）电路的阻抗模$|Z_0| = \sqrt{R^2 + (X_L - X_C)^2} = R$，其值最小，在电源电压$U$不变的情况下，电路中的电流$I_0 = \dfrac{U}{R}$最大。

（2）因为电感器的感抗和电容器的容抗相等，所以它们的电压幅值相同，但在相位上相反，网络端口电压与电阻电压相同，即$\dot{U} = \dot{U}_R$。

（3）电路对电源呈电阻性，电源与电路之间不发生能量的互换，电源的能量全部被电阻所消耗，能量互换只发生在电感器与电容器之间。

串联谐振时的相量图如图2-23所示。

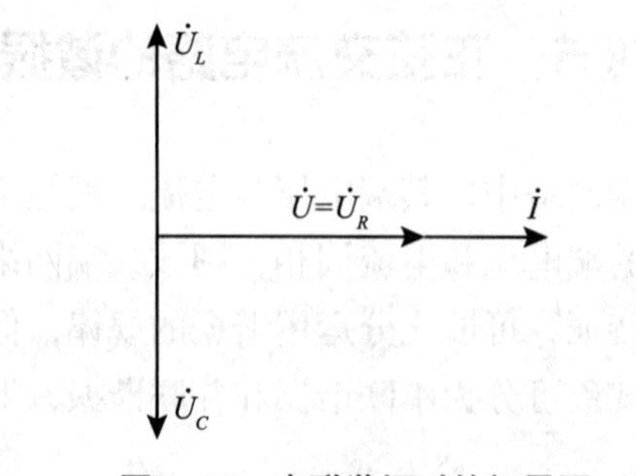

图2-23　串联谐振时的相量图

由以上分析可知，当电路发生谐振时，$U_L = U_C = X_LI_0 = X_CI_0 = X_L\dfrac{U}{R} = X_C\dfrac{U}{R}$，电感器的电压$U_L$和电容器的电压$U_C$都远大于电源电压$U$，所以串联谐振也称为电压谐振。

电路发生谐振现象时，电感器或电容器上的电压与电源电压的比值称为品质因数Q。

$$Q=\frac{U_C}{U}=\frac{U_L}{U}=\frac{1}{\omega_0 RC}=\frac{\omega_0 L}{R} \tag{2-43}$$

其中ω_0为谐振角频率，由式（2-43）可知：当电阻越小、电感越大、电容越小，品质因数Q越大。改变电阻、电感或电容的值，即可改变品质因数Q的大小。当Q值越大，则电路在偏离ω_0的频率下的电流也就越小。

串联谐振常应用于无线电工程中，例如收音机从天线收到的众多频率不同的信号中选择出谐振频率的信号来；当然，若电感器或电容器中获得相对于电源较高的电压，这可能会击穿电感线圈和电容器，所以在电力系统中尽量避免发生串联谐振。

【例2-10】某电阻器、电感器、电容器串联的电路接在U=5V的电源上，L=1mH，R=10Ω，C=0.1μF。若该电路发生了谐振现象，求：①电源的频率；②电路中的电流；③各元件的电压。

解：

（1）电路发生谐振现象时，电源频率为

$$f_0=\frac{1}{2\pi\sqrt{LC}}=\frac{1}{2\pi\sqrt{1\times10^{-3}\times0.1\times10^{-6}}}\text{Hz}=1.6\times10^4\text{Hz}$$

（2）电路中元件的电流为

$$I=\frac{U}{R}=\frac{5}{10}\text{A}=0.5\text{A}$$

（3）电路中元件的电压为

$$X_L=2\pi f_0 L=2\times3.14\times1.6\times10^4\times1\times10^{-3}\Omega=100\Omega$$

$$X_C=\frac{1}{2\pi f_0 C}=\frac{1}{2\times3.14\times1.6\times10^4\times0.1\times10^{-6}}\Omega=100\Omega$$

$$U_R=U=5\text{V}$$

$$U_L=I_0\times X_L=0.5\times100\text{V}=50\text{V}$$

$$U_C=I_0\times X_C=0.5\times100\text{V}=50\text{V}$$

二、并联谐振

电阻、电感与电容元件并联的二端网络电路如图2-24所示。

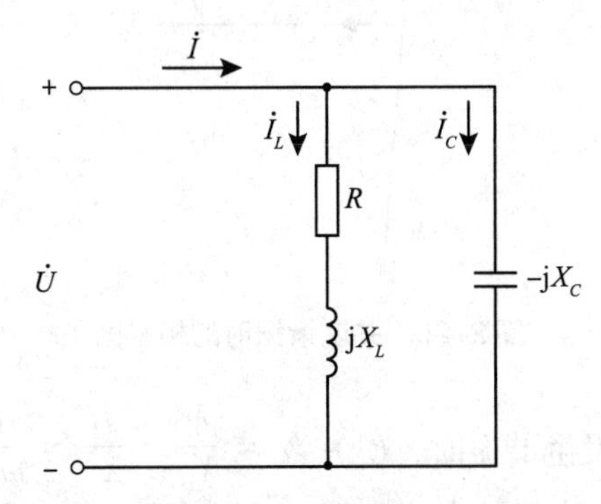

图2-24　电阻、电感、电容元件的并联电路

该电路的导纳为

$$Y=\frac{1}{-\text{j}X_C}+\frac{1}{R+\text{j}X_L}=\frac{R}{R^2+(\omega L)^2}+\text{j}\left[\omega C-\frac{\omega L}{R^2+(\omega L)^2}\right] \tag{2-44}$$

该电路电压与电流同相时，电路就发生了谐振现象，回路导纳的虚部等于零，即

$$\omega_0 C - \frac{\omega_0 L}{R^2 + (\omega_0 L)^2} = 0 \qquad (2-45)$$

其中，ω_0为谐振角频率，从而解出

$$\omega_0 = \frac{1}{\sqrt{(\frac{R}{\omega_0 L})^2 + 1}} \cdot \frac{1}{\sqrt{LC}} \qquad (2-46)$$

当$\frac{R}{\omega_0 L} << 1$时，有$\omega_0 \approx \frac{1}{\sqrt{LC}}$，所以谐振频率为

$$f_0 \approx \frac{1}{2\pi\sqrt{LC}} \qquad (2-47)$$

显然，当电源频率f与电路的参数L和C满足式（2-47）关系时，则电阻、电感与电容元件并联的二端网络电路就发生了谐振现象。由于该谐振现象发生在电阻、电感、电容元件并联电路中，所以称为并联谐振。并联谐振具有以下特征。

（1）电路的阻抗模$|Z_0| = \frac{1}{Y_0} = \frac{R^2 + (\omega_0 L)^2}{R} = \frac{(\omega_0 L)^2}{R}(1 + \frac{R^2}{\omega_0^2 L^2}) \approx \frac{L}{RC}$，其值最大，在电源电压$U$不变的情况下，电路中的电流$I_0 = \frac{U}{|Z_0|}$最小。

（2）因为$\frac{R}{\omega_0 L} << 1$，电感器的感抗$\omega_0 L = \sqrt{\frac{L}{C}}$远大于电阻的阻值$R$，且和电容器的容抗$\frac{1}{\omega_0 C} = \sqrt{\frac{L}{C}}$相等，它们的电压幅值相同，所以电感支路与电容支路的电流近似相等，而主路电流$I_0 \approx 0$。

（3）电路对电源呈电阻性，电路的阻抗相当于一个纯电阻，电源与电路之间不发生能量的互换，能量互换只发生在电感器与电容器之间。

并联谐振时的相量图如图2-25所示。

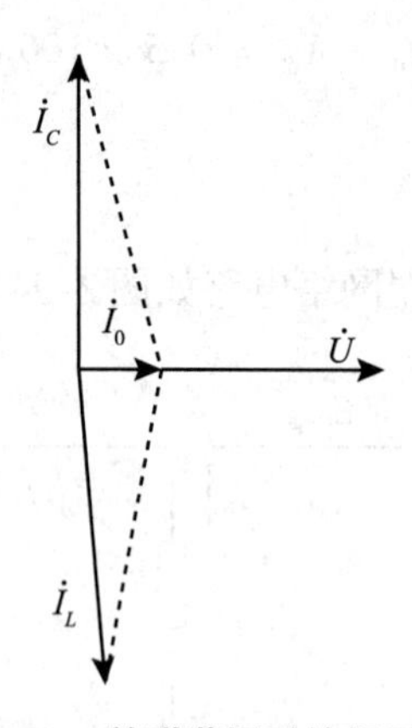

图2-25 并联谐振时的相量图

由以上分析可知，当电路发生谐振时，$I_L = I_C = \frac{U}{X_L} = \frac{U}{X_C} = \frac{U}{\omega_0 L} = U\omega_0 C$。由相量图2-25可知，电感器支路电流$\dot{I}_L$和电容器支路的电流$\dot{I}_C$都远大于总电流$I_0$，所以并联谐振也称为电流谐振。

电路发生谐振现象时，电感器或电容器支路的电流与总电流的比值称为品质因数Q。

$$Q = \frac{I_L}{I_0} = \frac{I_C}{I_0} = \frac{\omega_0 L}{R} = \frac{1}{\omega_0 RC} \qquad (2-48)$$

医药大学堂 WWW.YIYAODXT.COM

改变电阻、电感或电容的值，即可改变品质因数的大小。显然，Q值越大，并联电路的阻抗模$|Z_0|=\frac{L}{RC}=Q\sqrt{\frac{L}{C}}$也越大。

并联谐振也常应用于无线电工程中，例如利用并联谐振时阻抗模较高的特点来选择信号或消除干扰；当然，发生并联谐振时，在电感器和电容器中会流过很大的电流，因此会造成电路的熔丝熔断或烧毁电气设备等事故，应尽量避免。

【例2-11】某电阻器、电感器、电容器并联的电路接在U=5V的电源上，L=0.1mH，R=10Ω，C=100pF。若要使该电路发生谐振现象，求：①电源的频率；②电路中的电流I_L、I_C、I_0；③电路的品质因数Q。

解：

（1）电路发生谐振现象时，电源的频率为

$$f_0\approx\frac{1}{2\pi\sqrt{LC}}=\frac{1}{2\pi\sqrt{0.1\times10^{-3}\times100\times10^{-12}}}\text{Hz}=1.6\times10^6\text{Hz}$$

（2）电路中元件的电流为

$$X_L=2\pi f_0L=2\times3.14\times5.3\times10^5\times1\times10^{-3}\Omega=1\text{k}\Omega$$

$$X_C=\frac{1}{2\pi f_0C}=\frac{1}{2\times3.14\times1.6\times10^6\times100\times10^{-12}}\Omega=1\text{k}\Omega$$

$$Z_0=\frac{L}{RC}=\frac{0.1\times10^{-3}}{10\times100\times10^{-12}}\Omega=100\text{k}\Omega$$

$$I_0=\frac{U}{Z_0}=\frac{5}{100}\text{mA}=0.05\text{mA}$$

$$I_L=\frac{U}{X_L}=\frac{5}{1}\text{mA}=5\text{mA}$$

$$I_C=\frac{U}{X_C}=\frac{5}{1}\text{mA}=5\text{mA}$$

（3）电路的品质因数为

$$Q=\frac{I_L}{I_0}=\frac{5\text{mA}}{0.05\text{mA}}=100$$

实训三　电阻、电容、电感元件阻抗特性的测定

【实训目的】

1.验证电阻、感抗、容抗与频率的关系。

2.加深理解电阻、电感与电容元件端电压与电流间的相位关系。

【仪器和设备】

函数信号发生器；交流毫伏表；双踪示波器。

【实训原理】

（一）单一参数电阻、电感与电容元件的阻抗特性

若将电阻元件视为纯电阻，其阻值与信号频率无关；若将电感元件视为纯电感，有感抗关系式$X_L=2\pi fL$；若将电容元件视为纯电感，有容抗关系式$X_C=\frac{1}{2\pi fC}$。

（二）单一参数电阻、电感与电容元件的阻抗特性的测试电路

单一参数电阻、电感与电容元件的阻抗特性的测试电路如图2–26所示，图2–26中R=1kΩ、L=10mH与C=1μF为被测元件，r=200Ω为电流取样电阻。改变信号源频率，测量电阻、电感与电容件两端的电压U_R、U_L与U_C，流过被测元件的电流则可由电阻r两端的电压U_r除以电阻r得到。

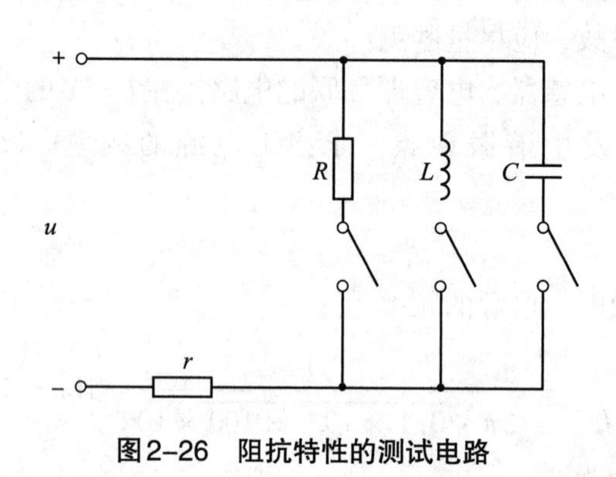

图2–26　阻抗特性的测试电路

（三）示波器测量阻抗角的方法

元件的阻抗角（即相位差φ）随输入信号的频率变化而变化，可用试验方法测得阻抗角的频率特性曲线的关系。

用双踪示波器测量阻抗角（电压、电流波形的相位差）的方法：将欲测量相位差的两个信号分别接到双踪示波器Y_A和Y_B两个输入端。调节双踪示波器的有关旋钮，使双踪示波器屏幕上出现两个大小适中、稳定的波形，如图2–27所示，在荧光屏幕上数得水平方向一个周期占n格，相位差占m格，则实际的相位差（阻抗角）为$\varphi = m \times \dfrac{360°}{n}$。

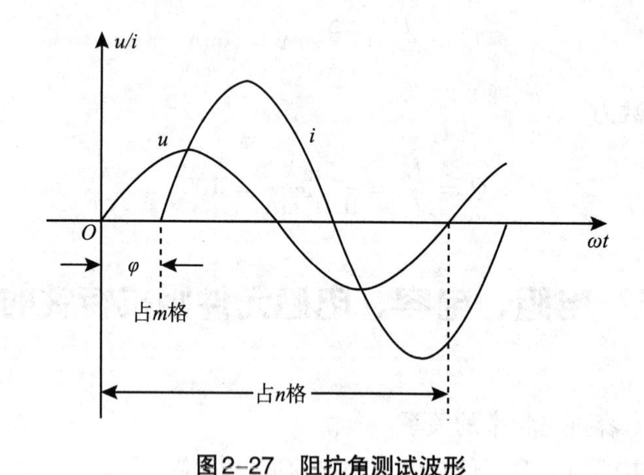

图2–27　阻抗角测试波形

【内容与步骤】

（一）测量单一参数电阻、电感与电容元件的阻抗特性

测量单一参数电阻、电感与电容元件的阻抗特性，电路如图2–26所示。通过电缆线将函数信号发生器输出的正弦信号u接至电路输入端，激励电压的有效值为3V，并在个试验过程中保持不变（注意接地端的共地问题）。

改变信号源的输出频率从1kHz逐渐增大到5kHz，并使开关分别接通电阻、电感与电容单个元件，用交流毫伏表分别测量U_R、U_r；U_L、U_r；U_C、U_r。并通过计算得到各个频率点的R、X_L、

U_C的值，填入表2-1中。

表2-1　测量结果

频率f（kHz）		单位	1	2	3	4	5
R	U_R	V					
	U_r	V					
	I_R	mA					
	R	Ω					
L	U_L	V					
	U_r	V					
	I_L	mA					
	X_L	Ω					
C	U_C	V					
	U_r	V					
	I_C	mA					
	X_C	Ω					

（二）双踪示波器观测

用双踪示波器观测图2-27所示电阻与电感串联电路在不同频率下阻抗角的变化情况，即用双踪示波器观测电阻与电感串联电路的电压、电流波形的相位差，并计入表2-2中。

流过电阻与电感串联电路的电流则可由电阻两端电压U_R除以电阻值R得到，用示波器观察串联电路电流波形，可通过观察流过该电流的电阻上的电压波形来实现。电阻与电感串联电路两端的电压与输入端的激励电压相等，用双踪示波器观察电压波形可通过观察输入端波形来实现（注意两路信号的共地问题）。

表2-2　观测结果

频率f（kHz）	1	2	3	4	5
n（格）					
m（格）					
φ（度）					

【思考题】

1. 图2-26中各元件通过的电流如何求得？
2. 怎样用双踪示波器观察电阻与电感串联电路阻抗角的频率特性？

习题

一、单项选择题

1. 我国交流电的频率为50Hz，其周期为（　　）。

A.0.01s　　B.0.02s　　C.0.1s　　D.0.2s

2.正弦交流电的三要素是指幅值、频率和（　）。

A.相位　　B.角度　　C.初相角　　D.电压

3.在正弦交流电路中，当电容器元件电压与电流取关联参考方向时，则电压（　）。

A.超前电流　　B.落后电流　　C.与电流同相　　D.与电流反相

4.某正弦电压$u(t)=220\sin(314t+90°)$ V，当$t=0$时，电压的瞬时值为（　）V。

A.55　　B.110　　C.220　　D.440

5.若电流$i_1(t)=5\sin(100\pi t+45°)$ A，$i_2(t)=8\sin(100\pi t-15°)$ A，则$i_1(t)$与$i_2(t)$的相位差φ_{12}为（　）。

A.120°　　B.90°　　C.60°　　D.30°

6.把一个电容器接到交流电源上，其阻抗为100Ω，若电源频率减小一倍，那么该电容的阻抗为（　）Ω。

A.50　　B.100　　C.150　　D.200

7.已知某二端网络的阻抗$Z=3+j4\Omega$，则其功率因数为（　）。

A.0.57　　B.0.75　　C.0.6　　D.0.8

8.若电流$i(t)=5\sqrt{2}\sin(100\pi t+30°)$ A，则其有效值相量形式正确的是（　）A。

A.$5\angle 60°$　　B.$5\angle 30°$　　C.$5\sqrt{2}\angle 60°$　　D.$5\sqrt{2}\angle 30°$

9.若某正弦电流的有效值相量形式为$\dot{I}=5\angle 60°$A，则其正弦量为（　）。

A.$i(t)=5\sin(\omega t+30°)$ A　　B.$i(t)=5\sqrt{2}\sin(\omega t+30°)$ A

C.$i(t)=5\sin(\omega t+60°)$ A　　D.$i(t)=5\sqrt{2}\sin(\omega t+60°)$ A

10.R、L、C串联谐振是指该电路呈现纯（　）性。

A.电阻　　B.电容　　C.电感　　D.电抗

二、计算题

1.已知某正弦电压的频率为50Hz，电压最大值为380V，在100ms时为190V，求：①该电压的瞬时值表达式；②该电压的有效值相量表达式。

2.把一个25μF的电容元件接到频率为50Hz、电压有效值为10V的正弦电源上，求：①电容的容抗；②电容元件的电流值。

3.已知某二端网络的端口电压为$u(t)=20\sqrt{2}\sin(314t+75°)$ V，端口电流为$i(t)=\sqrt{2}\sin(314t+45°)$ A，电压与电流方向关联，试求该网络吸收的有功功率。

医药大学堂
WWW.YIYAODXT.COM

第三章　三相电路

知识目标

1.掌握　三相交流电的瞬时表达式、相量表达式以及向量图；三相电源以及负载在不同连接方式下相电压、线电压、相电流、线电流的关系；三相电路功率的计算方法。

2.熟悉　三相电源以及负载的星形和三角形连接图；变压器的工作原理、结构；安全用电的基本措施。

3.了解　三相电源的产生；变压器的型号及技术参数；电力系统的组成。

能力目标

学会　判别变压器的同名端；使用万用表测量三相电路参数；防止触电事故的措施以及触电急救的方法。

案例讨论

案例　IT在利用设备生产药品时，发现有的设备是三根线供电，有的是四根线供电。

讨论　为什么设备供电电源线根数会不同？供电压是多少？与家庭供电有什么不同？

第一节　三相交流电的产生

PPT

微课

一、三相电动势的产生

三相电动势是由三相交流发电机产生的。图3–1为三相交流发电机示意图，它主要由转子和定子构成。转子是电磁铁，其磁极表面的磁场按正弦规律分布。定子中嵌有三个线圈，彼此间隔120°，每个线圈的匝数、几何尺寸相同。各线圈的起始端分别用U_1、V_1和W_1表示；末端分别用U_2、V_2和W_2表示，分别把它们叫作第一相线圈、第二相线圈和第三相线圈。当原动机如汽轮机、水轮机等带动三相发电机的转子做顺时针转动时，就相当于各线圈作逆时针转动，则每个线圈中产生的感应电动势分别为e_U、e_V、e_W，每个线圈两端向外部供电的电压可表示为u_u、u_v、u_w。

图3–1　三相电动势的产生

三相电动势e_U、e_V、e_W频率相同，幅值相等，相位上彼此相差120°。参考方向选定为自绕组的末端指向始端，如图3–2所示。

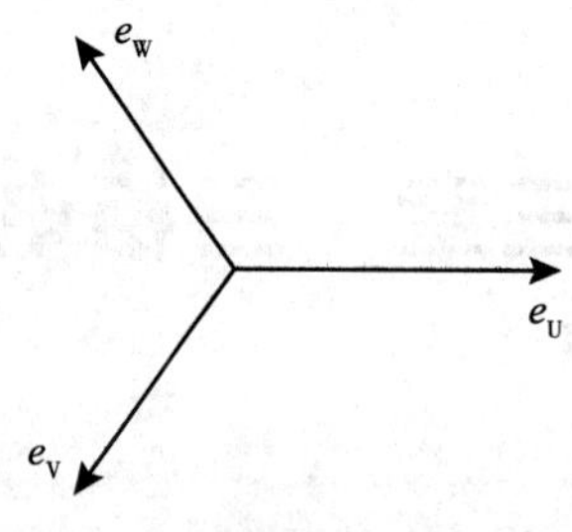

图3-2 三相电动势向量图

电压的有效值等于每相绕组中电动势的有效值，以u_U为参考正弦量，则三相电压瞬时值表达式如下。

$$\left.\begin{aligned} u_U &= \sqrt{2}U\sin\omega t \\ u_V &= \sqrt{2}U\sin(\omega t - 120°) \\ u_W &= \sqrt{2}U\sin(\omega t + 120°) \end{aligned}\right\} \tag{3-1}$$

三相电压的波形如图3-3所示。

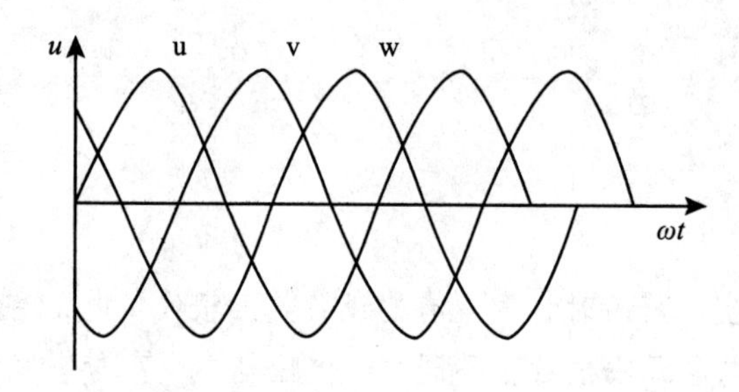

图3-3 三相电压的波形图

对应的相量为

$$\begin{aligned} \dot{U}_U &= U\angle 0° \\ \dot{U}_V &= U\angle -120° \\ \dot{U}_W &= U\angle -240° \end{aligned} \tag{3-2}$$

显然

$$u_U + u_V + u_W = 0 \tag{3-3}$$

$$\dot{U}_U + \dot{U}_V + \dot{U}_W = 0 \tag{3-4}$$

二、三相电源的连接

三相电源的连接方式有星形连接和三角形连接。

（一）星形连接

将三相交流电源的末端U_2、V_2、W_2连接在一起，形成一个公共端N，对外引出U、V、W、N四个端点，这种方式称为三相交流电源的星形连接（Y连接）。三个端点U、V、W对应的引出线称为相线或火线，公共端点N的引出线称为中线，公共端点N通常与大地相接，这样引出的中线

俗称零线。三相电源的这种向外供电的方式称为三相四线制供电。三相交流电源的星形连接如图3-4所示。

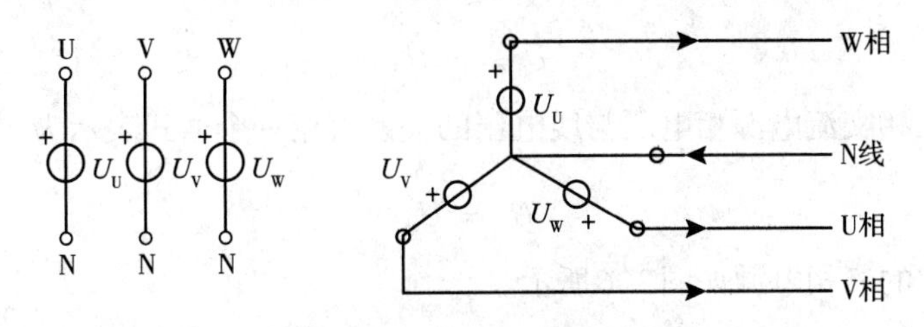

图3-4　星形连接的三相交流电

星形连接中，相线与中线间电压称为相电压，用$\dot{U}_U$、$\dot{U}_V$、$\dot{U}_W$表示。任意两根端线之间的电压称为线电压，表示为$\dot{U}_{UV}$、$\dot{U}_{VW}$、$\dot{U}_{UW}$，则可得如下关系式：

$$\dot{U}_{UV} = \dot{U}_U - \dot{U}_V \qquad \dot{U}_{VW} = \dot{U}_V - \dot{U}_W \qquad \dot{U}_{UW} = \dot{U}_W - \dot{U}_U \tag{3-5}$$

将式（3-2）代入式（3-5）可得

$$\dot{U}_{UV} = U\angle 0° - U\angle -120° = \sqrt{3}\cdot\dot{U}_U\ \angle 30°$$

$$\dot{U}_{VW} = U\angle(-120°) - U\angle(-240°) = \sqrt{3}\cdot\dot{U}_V\ \angle 30°$$

$$\dot{U}_{UW} = U\angle(-240°) - U\angle 0° = \sqrt{3}\cdot\dot{U}_W\ \angle 30°$$

由以上推导可知，线电压有效值等于相电压有效值的$\sqrt{3}$倍，线电压总是超前与之对应的相电压30°，即

$$\begin{aligned} U_l &= \sqrt{3}U_P \\ \dot{U}_l &= \sqrt{3}\dot{U}_p\angle 30° \end{aligned} \tag{3-6}$$

三相四线制电源的线电压与相电压之间的关系用向量图表示如图3-5所示。

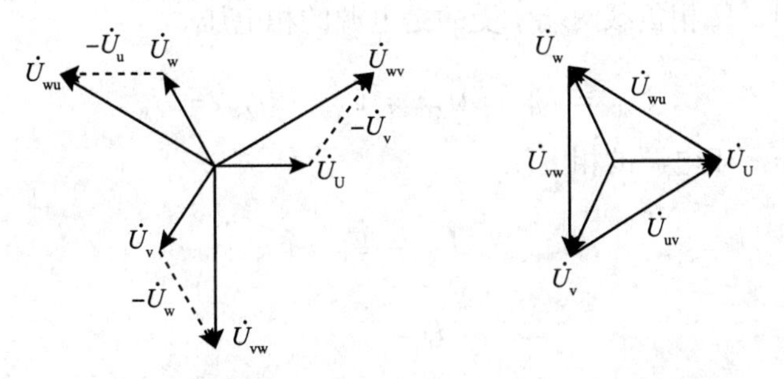

图3-5　电源星形连接线电压与相电压关系向量图

（二）三角形连接

若将三相电源的三个电源绕组依次首尾相连构成了一个闭环，从两个绕组的连接点分别引出3根线U、V、W，这种方式构成了三相电源的三角形连接（△连接）。这种联接方式中没有Y形连接的中线。

在三相电源的三角形连接电路中，由于每相电源是直接连接在两端线之间，所以三角形连接的线电压等于相电压。线电压与相电压之间的关系为：

$$\dot{U}_{UV} = \dot{U}_U$$

$$\dot{U}_{UW} = \dot{U}_V$$

$$\dot{U}_{UW} = \dot{U}_W$$

三角形连接的三相交流电源相电压与线电压的关系可用一个通式表示为

$$\dot{U}_l = \dot{U}_P \tag{3-7}$$

三角形连接方式的三相电源如图3-6所示。

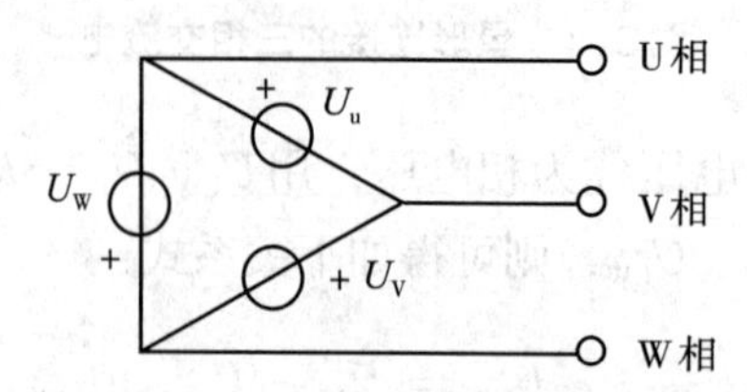

图3-6　三角形连接的三相电源

当三相电源对称时，根据式（3-4），三相电源的任一瞬时值的和为零，也就是说在三相电源的闭合回路中不会产生环流。若三相电源不对称，则在回路中产生环流，由于电源的内阻较小，很容易导致电流过大烧坏绕组。

PPT

第二节　三相负载的连接

一、负载的星形连接

负载的星形连接是指把三相负载分别接在三相电源的一根端线和中线之间。流过各相负载的电流叫作相电流，流过端线的电流叫作线电流，其参考方向如图3-7所示。

当负载星形连接时，每相负载两端承受的是电源的相电压。

$$\dot{U}_{ZU} = \dot{U}_U \quad \dot{U}_{ZV} = \dot{U}_V \quad \dot{U}_{ZW} = \dot{U}_W$$

即阻抗两端的电压等于电源的相电压。

$$\dot{U}_Z = \dot{U}_P \tag{3-8}$$

$$\dot{I}_P = \dot{I}_l \tag{3-9}$$

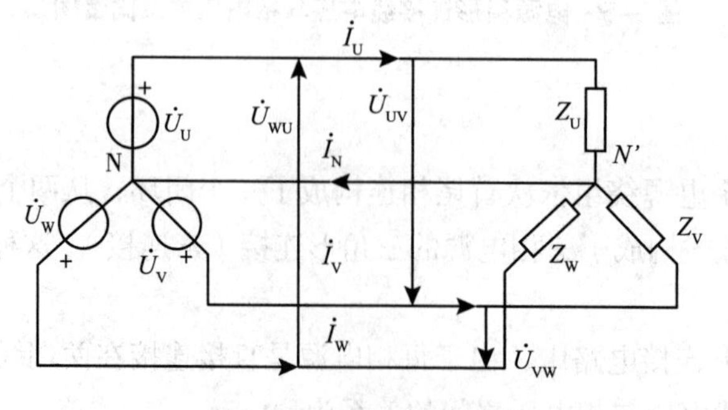

图3-7　三相四线制电路

医药大学堂
WWW.YIYAODXT.COM

根据基尔霍夫电流定律

$$i_N = i_U + i_V + i_W \tag{3-10}$$

设电源相电压 $\dot{U}_U$ 为参考相量，则每相负载上的电压为

$$\dot{U}_{ZU} = \dot{U}_U = U_P\angle 0°$$

$$\dot{U}_{ZV} = \dot{U}_V = U_P\angle -120°$$

$$\dot{U}_{ZW} = \dot{U}_W = U_P\angle 120°$$

$$\dot{I}_U = \frac{\dot{U}_{ZU}}{Z_U} = \frac{\dot{U}_P\angle 0°}{|Z_U|\angle\Phi_U} = I_U\angle -\Phi_U$$

$$\dot{I}_V = \frac{\dot{U}_{ZV}}{Z_V} = \frac{U_P\angle -120°}{|Z_V|\angle\Phi_V} = I_V\angle(-120° - \Phi_V)$$

$$\dot{I}_W = \frac{\dot{U}_{ZW}}{Z_W} = \frac{U_P\angle 120°}{|Z_W|\angle\Phi_W} = I_W\angle(120° - \Phi_W)$$

式中各相负载中电流有效值分别为

$$I_U = \frac{U_P}{|Z_U|} \qquad I_V = \frac{U_P}{|Z_V|} \qquad I_W = \frac{U_P}{|Z_W|}$$

各相负载电压与电流的相位差（即阻抗角）分别为

$$\Phi_U = \arctan\frac{X_U}{R_U} \qquad \Phi_V = \arctan\frac{X_V}{R_V} \qquad \Phi_W = \arctan\frac{X_W}{R_W}$$

当负载对称时（即各相阻抗相等）

$$Z_U = Z_V = Z_W = Z = |Z|\angle\Phi$$

可知，负载相电流也是对称的，即

$$I_U = I_V = I_W = I_P = \frac{U_P}{|Z|} \tag{3-11}$$

$$\Phi_U = \Phi_V = \Phi_W = \Phi = \arctan\frac{X}{R} \tag{3-12}$$

中线电流

$$\dot{I}_N = \dot{I}_U + \dot{I}_V + \dot{I}_W = 0 \tag{3-13}$$

如图3-7所示，由于三个相电流对称，它们之间满足 $i_U+i_V+i_W=0$，因此不需要中线。

【例3-1】有一台三相电动机，其绕组为星形连接，接在线电压为380V的对称三相电源上，每相等效阻抗 $Z = 20\angle 45°\ \Omega$，求每相电流。

解：负载对称，只需计算一相（如U相）即可，相电压 $U_p = 220V$，以U相电压为参考相量，则 $\dot{U}_U = 220\angle 0°V$。

画出单相计算电路，如图3-8所示。

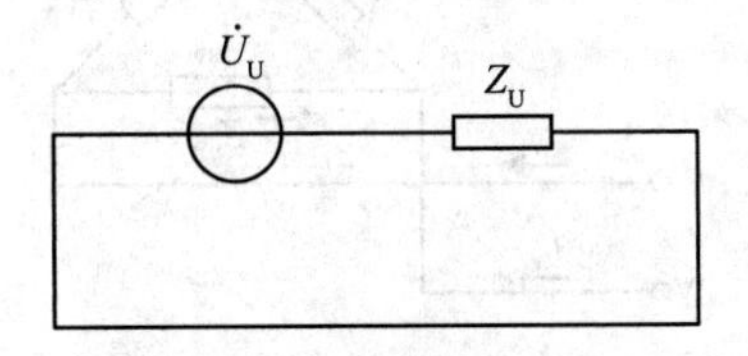

图3-8　等效单相计算电路

$$I_{U}=\frac{\dot{U}_{U}}{Z}=\frac{220\angle 0^{\circ}}{20\angle 45^{\circ}}\mathrm{V}=11\angle -45^{\circ}\ \mathrm{V}$$

根据对称性，可写出$\dot{I}_{V}$，$\dot{I}_{W}$

$$\dot{I}_{V}=11\angle -165^{\circ}\ \mathrm{A}$$

$$\dot{I}_{W}=11\angle 75^{\circ}\ \mathrm{A}$$

【**例3-2**】在图3-7中，电源电压对称，U_{p}=220V，负载为电灯组，额定电压为220V，各相负载电阻分别为R_{U}=5Ω，R_{V}=10Ω，R_{W}=20Ω，求各负载相电压、负载电流及中线电流。

解：由于有中线，且中线阻抗可忽略不计，各相的计算具有相对独立性，可分别计算。设

$$\dot{U}_{U}=220\angle 0^{\circ}\ \mathrm{V}$$

则

$$\dot{I}_{U}=\frac{\dot{U}_{U}}{R_{U}}=\frac{220\angle 0^{\circ}}{5}\mathrm{A}=44\angle 0^{\circ}\ \mathrm{A}$$

$$\dot{I}_{V}=\frac{\dot{U}_{V}}{R_{V}}=\frac{220\angle -120^{\circ}}{10}\ \mathrm{A}=22\angle -120^{\circ}\ \mathrm{A}$$

$$\dot{I}_{W}=\frac{\dot{U}_{W}}{R_{W}}=\frac{220\angle 120^{\circ}}{20}\mathrm{A}=11\angle 120^{\circ}\ \mathrm{A}$$

中线电流

$$\begin{aligned}\dot{I}_{N}&=\dot{I}_{U}+\dot{I}_{V}+\dot{I}_{W}\\&=44\angle 0^{\circ}+22\angle -120^{\circ}+11\angle 120^{\circ}\ \mathrm{A}\\&=44+(-11-\mathrm{j}18.9)+(-5.5+\mathrm{j}9.45)\ \mathrm{A}\\&=(27.5-\mathrm{j}9.45)\ \mathrm{A}=29.1\angle -19^{\circ}\ \mathrm{A}\end{aligned}$$

二、负载的三角形连接

负载三角形连接是指把三相负载分别接在三相电源的每两根端线之间。

以$\dot{U}_{uv}$为参考相量，各相负载的电压为

$$\dot{U}_{ZUV}=\dot{U}_{UV}=U_{l}\angle 0^{\circ}$$

$$\dot{U}_{ZVW}=\dot{U}_{VW}=U_{l}\angle -120^{\circ}$$

$$\dot{U}_{ZWU}=\dot{U}_{WU}=U_{l}\angle 120^{\circ}$$

即阻抗两端的电压为电源的线电压

$$\dot{U}_{Z}=\dot{U}_{l} \tag{3-14}$$

负载三角形连接的三相电路如图3-9所示。

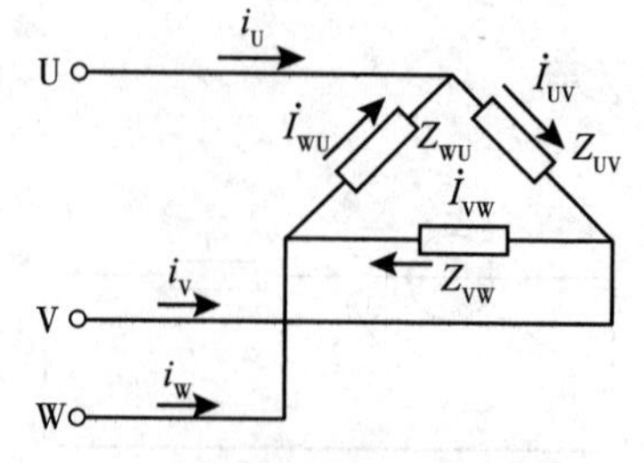

图3-9　负载三角形连接的三相电路

医药大学堂
WWW.YIYAODXT.COM

负载相电流是对称的

$$\dot{I}_{UV}=\frac{U_1}{|Z|}\angle-\Phi$$

$$\dot{I}_{VW}=\frac{U_1}{|Z|}\angle(-120°-\Phi)$$

$$\dot{I}_{WU}=\frac{U_1}{|Z|}\angle(120°-\Phi)$$

各电流之间的关系如图3-10所示。即

$$\dot{I}_U=\sqrt{3}\cdot\dot{I}_{UV}\angle-30°$$

$$\dot{I}_V=\sqrt{3}\cdot\dot{I}_{VW}\angle-30°$$

$$\dot{I}_W=\sqrt{3}\cdot\dot{I}_{WU}\angle-30°$$

用一个通式表示

$$\dot{I}_l=\sqrt{3}\,\dot{I}_P\angle-30° \tag{3-15}$$

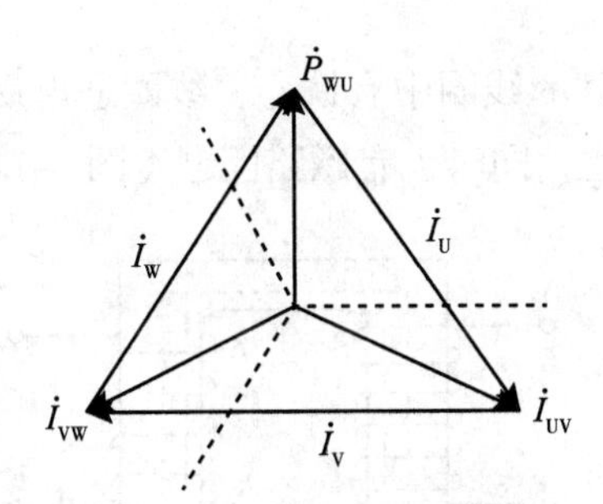

图3-10　三角形负载电流向量表示

三、三相电路的功率

在三相交流电路中，三相负载消耗的总功率为各相负载消耗功率之和，即

$$P=P_U+P_V+P_W=U_{P_U}I_{P_U}\cos\Phi_U+U_{P_V}I_{P_V}\cos\Phi_V+U_{P_W}I_{P_W}\cos\Phi_W \tag{3-16}$$

式中，U_{P_U}、U_{P_V}、U_{P_W}为各相电压有效值；I_{P_U}、I_{P_V}、I_{P_W}为各相电流有效值；Φ_U、Φ_V、Φ_W为各相电压与该相电流的相位差。

对称三相负载　　$P=3U_PI_P\cos\Phi$，即$P=\sqrt{3}U_lI_l\cos\Phi$　　(3-17)

【例3-3】对称三相负载，每相电阻R=6Ω，感抗X_L=8Ω，接在线电压为380V的对称三相电源上，分别计算负载做星形和三角形连接时消耗的功率。

解：每相负载的阻抗模为

$$|Z|=\sqrt{R^2+X_L{}^2}=\sqrt{6^2+8^2}\,\Omega=10\Omega$$

阻抗角

$$\Phi=\arctan\frac{X_L}{R}=\arctan\frac{8}{6}=53.1°$$

（1）负载做星形连接时，相电压$U_P=\frac{U_l}{\sqrt{3}}=\frac{380}{\sqrt{3}}\text{V}=220\text{V}$

线电流等于相电流$I_l = I_P = \frac{U_P}{|Z|} = \frac{220}{10}A = 22A$

三相功率为

$$\begin{aligned} P_Y &= 3U_P I_P \cos\Phi \\ &= 3 \times 220 \times 22 \times \cos 53.1 W \\ &= 8712 kW \end{aligned}$$

（2）负载做三角形连接时，$U_p = U_l = 380$ V

相电流为 $$I_p = \frac{U_p}{|Z|} = \frac{380}{10}A = 38A$$

三相功率为

$$\begin{aligned} P_\Delta &= 3U_P I_P \cos\Phi \\ &= 3 \times 380 \times 38 \times \cos 53.1° W \\ &= 25992W \end{aligned}$$

PPT

第三节　磁路的基本概念

实际电路中，有大量电感元件的线圈中有铁心，线圈通电后铁心就构成磁路，磁路又影响电路。因此电工技术不仅有电路问题，同时也有磁路问题（图3-11）。

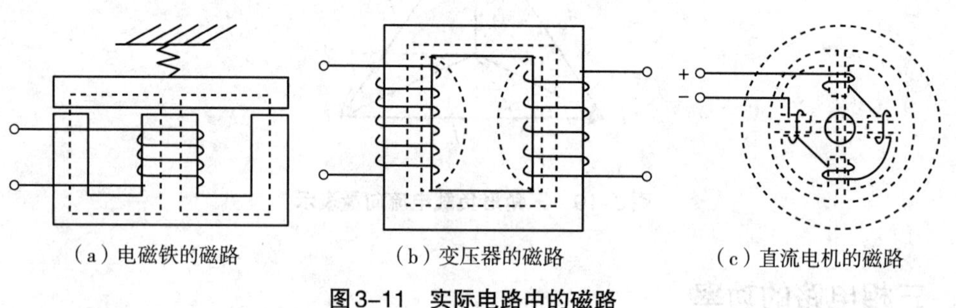

（a）电磁铁的磁路　（b）变压器的磁路　（c）直流电机的磁路

图3-11　实际电路中的磁路

一、磁路的基本物理量

（一）磁感应强度

磁感应强度是描述空间某点的磁场强弱与方向的物理量，它是矢量，用符号B表示。其大小可用通电导体在磁场中受力的大小来表示。当载有电流为I、长度为L的导体与磁感应强度方向垂直时，受到的磁场力为F，则磁场的磁感应强度B大小为

$$B = \frac{F}{IL} \tag{3-18}$$

由电流产生磁场的方向和电流的方向之间符合右手螺旋法则。在国际单位制中磁感应强度B的单位是特斯拉（T），在磁学中还使用高斯单位制（G_S）。

$$1T = 10^4 \ G_S$$

（二）磁通量

在磁场中，磁感应强度B与垂直于磁场方向的某一截面积S的乘积称为磁通量。

即

$$\Phi = BS \quad 或 \quad B = \frac{\Phi}{S} \tag{3-19}$$

磁通量还可以描述为穿过某一面积的磁力线的条数，上式磁感应强度等于单位面积上的磁通量。因此，磁感应强度又称磁通密度。

在国际单位制中，磁通量的单位为韦伯（Wb）。

（三）磁导率

磁导率μ表示物质的导磁性能，单位是亨/米（H/m）。真空的磁导率$\mu_0=4\pi\times10^{-7}$H/m，非铁磁物质的磁导率与真空极为接近，铁磁物质的磁导率远大于真空的磁导率。

为对不同磁介质的性能更好地理解，通常把它们的磁导率与真空中的磁导率相比较，比值称为相对磁导率，用μ_r表示。

$$\mu_r = \frac{\mu}{\mu_0} \tag{3-20}$$

相对磁导率μ_r的数值表示物质的导磁性质，当磁性材料的μ_r大于1时，称为顺磁质；当磁性材料的μ_r小于1时，称为抗磁质；当磁性材料的μ_r远大于1时，称为铁磁质。

（四）磁场强度

磁场强度是描述磁场的一个辅助物理量，它是一个矢量，用H表示。磁场强度与产生该磁场电流的关系，由安培环路定律确定。

$$\int H\mathrm{d}L = \sum I_i \tag{3-21}$$

即磁场强度沿任一闭合路径的线积分等于此闭合路径所包围的电流代数和。电流的正负规定为：任意选取闭合曲线的环绕方向，当电流与环绕方向符合右手螺旋定则时取正，反之为负。

在国际单位制中，磁场强度的单位是 安/米（A/m）。

磁场强度H的方向与B相同，它和场中同一点的磁感应强度B的关系是

$$B = \mu H \tag{3-22}$$

式中，μ为场中该点磁介质的磁导率。

二、磁路的基本定律

（一）磁路欧姆定律

以图3-12为例，可得出磁通、匝数、磁导率等相关量的关系式为

$$\Phi = BS = \mu HS = \mu\frac{NI}{l}S = \frac{\frac{NI}{l}}{\mu S} = \frac{F}{R_m} \tag{3-23}$$

该关系式与电路中的欧姆定律相似，故称为磁路的欧姆定律。

$R_m = \frac{l}{\mu S}$称为磁阻，表示磁路对磁通的阻碍作用。因铁磁物质的磁阻R_m不是常数，它会随励磁电流I的改变而改变，因而通常不能用磁路的欧姆定律直接计算，但可以用于定性分析很多磁路问题。

（二）电磁感应定律

设图3-12中铁心线圈外加电压$u=U_m\sin\omega t$，铁心中将产生交变的磁通Φ，线圈中将产生交变的电流i。根据基尔霍夫电压定律，则有

$$u = Ri - e \tag{3-24}$$

式中，R为线圈电阻，e为线圈的感应电动势。

根据电磁感应定律，则有

$$e = -N\frac{\mathrm{d}\Phi}{\mathrm{d}t}$$

代入上式，得

$$u = Ri + N\frac{\mathrm{d}\Phi}{\mathrm{d}t} \tag{3-25}$$

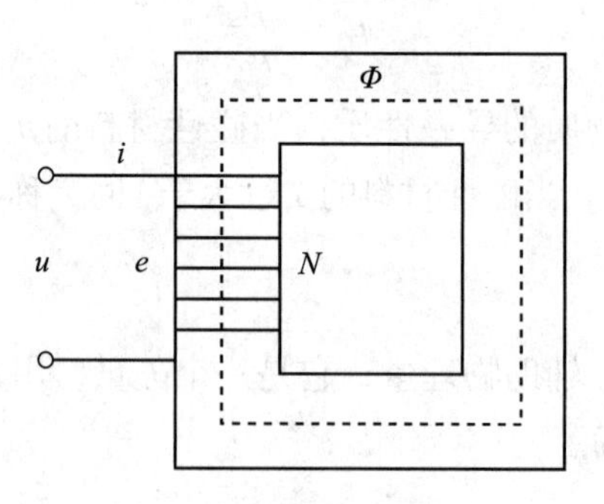

图3-12 铁心线圈

通常，线圈电阻很小，因此内阻电压降与外加电压相比可以忽略。由（3-25）式得

$$u = -e = N\frac{\mathrm{d}\Phi}{\mathrm{d}t} \tag{3-26}$$

由此可见，当交流铁心外加正弦电压u时，线圈里将产生正弦感应电动势e，而且大小相等，在相位上相差180°。

三、铁磁材料的性能

1.高导磁性 磁导率可达10^2~10^4，由铁磁材料组成的磁路磁阻很小，在线圈中通入较小的电流即可获得较大的磁通。

2.磁饱和性 B不会随H的增强而无限增强，H增大到一定值时，B不能继续增强。

3.磁滞性 铁心线圈中通过交变电流时，H的大小和方向都会改变，铁心在交变磁场中反复磁化，在反复磁化的过程中，B的变化总是滞后于H的变化。

4.铁磁材料的类型 分为软磁材料、硬磁材料和矩磁材料。

（1）软磁材料 磁导率高，磁滞特性不明显，矫顽力和剩磁都小，磁滞回线较窄，磁滞损耗小。

（2）硬磁材料 剩磁和矫顽力均较大，磁滞性明显，磁滞回线较宽。

（3）矩磁材料 只要受较小的外磁场作用就能磁化到饱和，当外磁场去掉，磁性仍保持，磁滞回线几乎成矩形。

PPT

第四节　变压器

一、分类及结构

变压器是基于电磁感应原理而制成的静止的电器设备，具有变电压、变电流、变阻抗的功能。

变压器按构造可分为心式变压器和壳式变压器；按相数可分为单相变压器、三相变压器、多相变压器；按用途可分为仪用电压电流互感器、焊接变压器、自耦变压器等，如图3-13所示。

变压器结构主要包括铁心和绕组两大部分。铁心是变压器的基本部分，它的作用是在交变的电磁转换中，提供闭合的磁路，让磁通绝大部分通过铁心构成闭合回路，所以变压器的铁心多采用磁性材料硅钢片叠压而成。

绕组是变压器的电路部分，常用绝缘铜线或铝线绕制而成。变压器绕组一般由原边（一次线圈）和副边（二次线圈）组成。变压器的原、副绕组都是绕在铁心上的。

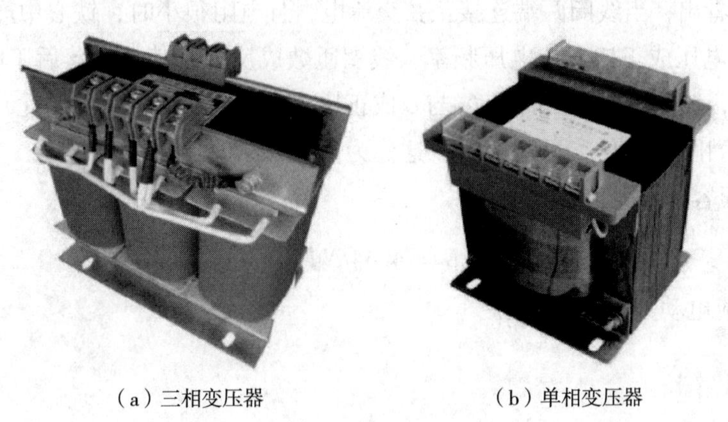
（a）三相变压器　　（b）单相变压器

图3-13　变压器的分类

二、工作原理

变压器虽然大小不一，用途各异，但其工作原理是基本相同的。为了分析方便，把两个绕组分别画在铁心的两边，一次绕组接交流电源，二次绕组接负载。一、二次绕组的匝数分别为N_1和N_2。变压器的一、二次绕组没有电的联系，仅有磁的联系，如图3-14所示。

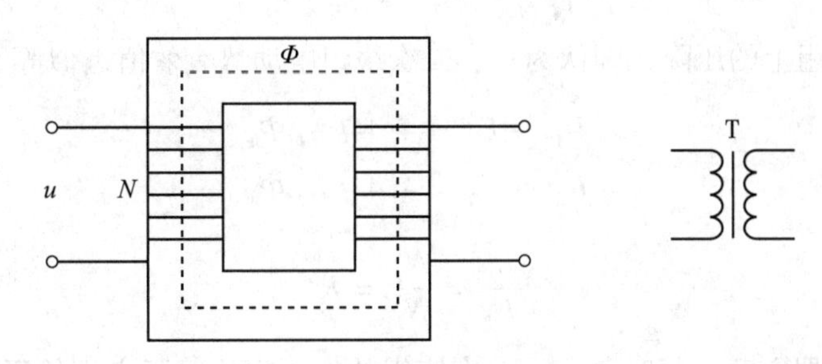

图3-14　变压器示意图及符号

由铁心线圈的电磁感应定律关系式得

$$u=-e=N\frac{\mathrm{d}\Phi}{\mathrm{d}t}$$

医药大学堂 WWW.YIYAODXT.COM

用向量表示为$\dot{U}=-\dot{E}$。将$u=U_m\sin\omega t$代入上式得

$$U_m\sin\omega t = N\frac{d\Phi}{dt}$$

解微分方程得

$$\Phi = \Phi_m\sin(\omega t - 90°)$$

式中

$$\Phi_m = \frac{U_m}{N_m}$$

在交流电路中，Φ_m和铁心饱和程度有关，U_m能够测量，$U_m=\sqrt{2}U$，$\omega=2\pi f$。代入上式得

$$\Phi_m = \frac{U}{4.44fN} \tag{3-27}$$

$$U = 4.44fN\Phi_m \tag{3-28}$$

由以上关系式看出，当线圈两端连接正弦交流电，且电阻很小时，铁心中产生的磁通也是正弦的，其最大值与电压成正比，与电压频率、线圈匝数成反比，其相位落后于电源电压90°。并且当电压频率不变，线圈匝数不变时，Φ_m与U成正比，与线圈电流无关。因此，当电源电压不变时，频率不变，线圈匝数不变，Φ_m也不变，这称为恒磁通原理。

由于$\dot{U}=-\dot{E}$，很容易可得到

$$E = 4.44fN\Phi_m \tag{3-29}$$

其中，E为感应电动势e的有效值。

三、作用

（一）电压变换

变压器一次绕组接入交流电压，二次绕组断开的运行方式称为变压器的空载运行。

根据电磁感应定律，主磁通Φ在一、二次绕组中分别产生感应电动势e_1与e_2，即

$$e_1 = -N_1\frac{d\Phi}{dt}$$

$$e_2 = -N_2\frac{d\Phi}{dt}$$

如果忽略绕组电阻上的压降，则认为一、二次绕组电动势有效值近似等于电压有效值，即

$$U_1 \approx E_1 = 4.44fN_1\Phi_m$$

$$U_2 \approx E_2 = 4.44fN_2\Phi_m$$

因此有

$$\frac{U_1}{U_2} = \frac{N_1}{N_2} = K \tag{3-30}$$

上式表明，变压器空载运行时，一、二次绕组的电压之比等于它们的匝数之比，比值K称为变压器的变比，即$K=\frac{N_1}{N_2}$，是变压器的一个重要参数，当K大于1时为降压变压器，当K小于1时为升压变压器。

（二）电流变换

不论变压器空载或负载运行，当电源电压U_1和频率f不变时，主磁通的最大值Φ_m是个常数。所以，变压器带有负载时产生主磁通的磁动势（$i_1N_1+i_2N_2$）基本上等于空载时产生主磁通的磁动势i_0N_1，即有

$$i_1N_1 + i_2N_2 \approx i_0N_1$$

变压器空载状态时的励磁电流i_0很小，与有载状态时的电流相比，可以忽降不计。因此上式可表示为

$$i_1N_1 + i_2N_2 \approx 0$$

因此有

$$\frac{I_1}{I_2} = \frac{N_2}{N_1} = \frac{1}{K} \tag{3-31}$$

在理想情况下，即绕组无内阻、无铁损、无漏磁，二次侧接负载后的电压等于空载电压。因此式（3-31）对于理想变压器在负载运行下也成立。

变压器输入、输出的功率为

$$P_1 = U_1I_1$$
$$P_2 = U_2I_2$$

由式（3-31）和式（3-32）得

$$P_1 = U_1I_1 = KU_2\frac{I_2}{K} = U_2I_2 = P_2 \tag{3-32}$$

【例3-4】一台变压器一次侧额定电压为220V，二次侧额定电压为44V，铁心中磁通最大值为5×10^{-4}Wb，电源频率为50Hz。求：①变压器原、二次绕组的匝数；②如果二次侧所接负载电阻为1kΩ，则变压器一、二次绕组电流分别为多少？

解：由式（3-30）得

$$U \approx E = 4.44fN\Phi_m$$

变压器的一次侧匝数为

$$N_1 = \frac{U_{1N}}{4.44f\Phi_m} = \frac{220}{4.44\times50\times5\times10^{-4}}\text{匝} = 1982\text{匝}$$

二次侧匝数为　$$N_2 = \frac{U_2}{U_1}N_1 = \frac{44}{220}\times1982\text{匝} = 396\text{匝}$$

二次侧接电阻后，二次侧的电流为

$$I_2 = \frac{44}{1000} = 0.044\text{A}$$

根据变压器电流变换的工作原理得

$$I_1 = \frac{N_2}{N_1}I_2 = \frac{396}{1982}\times0.044 = 8.8\text{mA}$$

（三）阻抗变换

在电子线路中，为使各级之间信号传递获得较大的功率输出，必须使负载阻抗与信号源内阻

相等，即阻抗匹配。但是，在实际电路中负载阻抗与信号源内阻往往不相等，而负载阻抗是给定的不能随便改变，因此，常采用变压器来获得输出电路所需要的等效阻抗，变压器的这种作用称为阻抗变换。

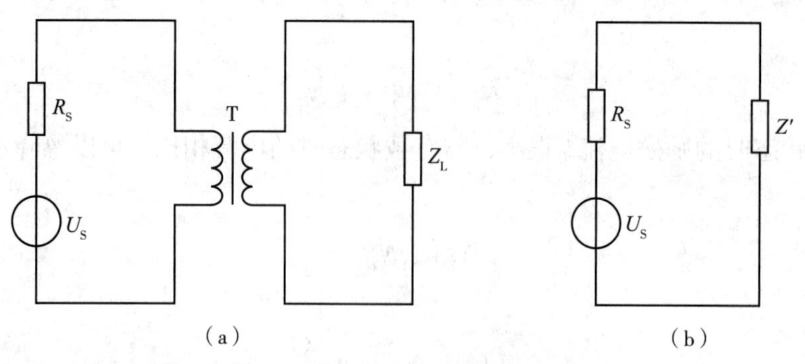

图3–15 阻抗匹配

图3–15（b）为变压器的阻抗变换等效电路。设负载阻抗为Z_L，等效阻抗为Z'，那么

$$\frac{U_1}{I_1}=Z' \qquad \frac{U_2}{I_2}=Z_L \tag{3–33}$$

将式（3–31）和式（3–32）代入式（3–33）

$$Z'=\left[\frac{N_1}{N_2}\right]^2 Z_L \text{ 或者 } Z'=K^2 Z_L \tag{3–34}$$

上式说明变压器二次绕组有负载后，对电源来说，相当于接上阻抗为Z'的负载，二者等效，如图3–15（b）所示。

【例3–5】已知图3–15交流信号源的电压为150V，信号源内阻R_S=900Ω，负载电阻为8Ω，试求：①负载与信号源直接连接时，信号源输出的功率；②若要使信号源输出给负载的功率达到最大，采用变压器进行阻抗变换，变压器的匝数比；阻抗变换后，信号源的输出功率。

解：直接连接时信号源输出功率

$$P=R_L I^2=R_L\left(\frac{U_s}{R_s+R_L}\right)^2$$
$$=\left(\frac{150}{900+8}\right)^2\times 8=0.218\text{W}$$

达到最大输出功率时

$$R_s=R_L=900\Omega$$

变压器匝数比

$$\frac{N_1}{N_2}=\sqrt{\frac{R'_L}{R_L}}=\sqrt{\frac{900}{8}}$$

阻抗变换后信号源输出功率

$$P=R'_L I^2=\left(\frac{U_s}{R_s+R'_L}\right)^2$$
$$=\left(\frac{150}{900+900}\right)^2\times 900$$
$$=6.25\text{W}$$

由此可见，进行变换后负载上得到的功率远大于直接接入时负载上的功率。

在电子电路中，为了提高信号的传输功率，常用变压器将负载功率变换为适当的数值，使其与放大电路的输出阻抗相匹配，这种做法称为阻抗匹配。

第五节　发电、输电与配电

一、电力系统

（一）概述

由发电设备、输配电设备（包括高低压开关、变压器、电线电缆）以及用电设备等组成的总体叫作电力系统，如图3-16所示。在电力系统中，联系发电和用电设备的输配电系统，称为电力网，简称电网。

一般中型和大型发电机的输出电压等级有6.3、10.5、15.75kV等。为了提高输电效率并减少输电线路上的损失，通常都采用升压变压器将电压升高后再进行远距离输电。目前我国远距离交流输电电压有110、220、330、500kV几个等级。

高压输电到用户区后，再经降压变压器将高压降低到用户所需的各种电压。电力网的电压等级如下。

（1）高压　1kV及以上的电压，有1、3、6、10、35、110、330、550kV等。

（2）低压　1kV及以下的电压，有220、380V。

（3）安全电压　36V以下的电压。我国规定的交流电安全电压等级有6、12、24、36、42V等。

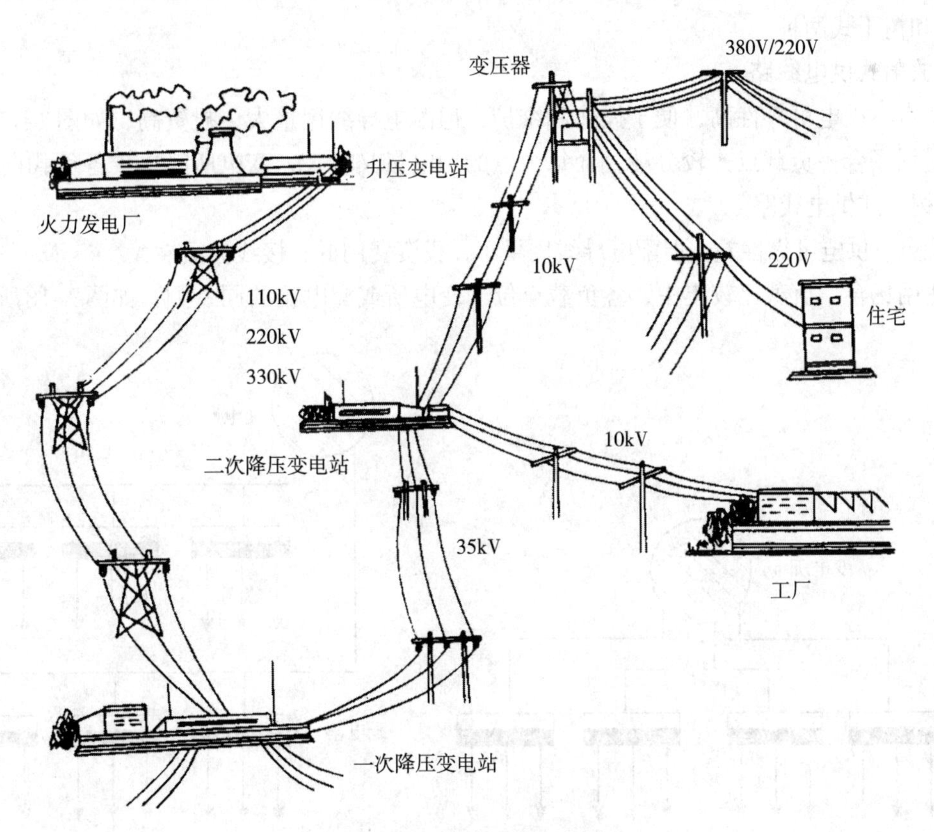

图3-16　电力系统示意图

（二）工厂供电

工厂供电系统由配电线路、变电所（包括配电所）和用电设备组成。一般大、中型工厂均设有总降压变电所，把35~110kV电压降为6~10kV电压，向车间变电所或高压电动机和其他高压用电设备供电，总降压变电所通常设有一至两台降压变压器。

1.工厂配电 市区一般输电电压为10kV左右，通常需要设置降压变电所，经配电变压器将电压降为380V或220V，再引出若干条供电线到各用电点的配电箱上，配电箱将电能分配给各用电设备。为了合理地分配电能，有效地管理线路，提高线路的可靠性，一般都采用分级供电的方式。即按照用户地域或空间的分布，将用户划分成供电区和片，通过干线、支线向片、区供电。整个供电线路形成一个分级的网状结构。

工厂配电一般是由10kV级以下的配电线路和配电（降压）变压器所组成。它的作用是将电能降为380V或220V低压再分配到各个用户的用电设备。

在一个生产车间内，根据生产规模、用电设备的布局和用电量的大小等情况，可设立一个或几个车间变电所（包括配电所），也可以几个相邻且用电量不大的车间共用一个车间变电所。车间变电所一般设置一两台变压器（最多不超过三台），其单台容量一般为1000kVA或1000kVA以下（最大不超过1800kVA），将6~10kV电压降为220V或380V电压，对低压用电设备供电。

小型工厂，所需容量一般为1000kVA或稍多，因此，只需设一个降压变电所，由电力网以6~10kV电压供电。

变电所中的主要电气设备是降压变压器和受电、配电设备及装置。用来接受和分配电能的电气装置称为配电装置，其中包括开关设备、母线、保护电器、测量仪表及其他电气设备等。对于10kV及10kV以下系统，为了安装和维护方便，总是将受电、配电设备及装置做成成套的开关柜。

2.车间配电 从车间变电所或配电箱到用电设备的线路属于低压配电线路。其连接方式主要是放射式和树干式两种。

（1）放射式供电线路

1）特点 供电可靠性高，便于操作和维护，但配电导线用量大，投资高，如图3-17所示。

2）适用场合 负载点比较分散，而每个点的用电量又较大，变电所又居于各负载点的中央。

（2）树干式供电线路

1）特点 供电可靠性差，但配电导线用量小，投资费用低，接线灵活性大。

2）适用场合 负载比较集中，各负载点位于变电所或配电箱的同一侧，如图3-18所示。

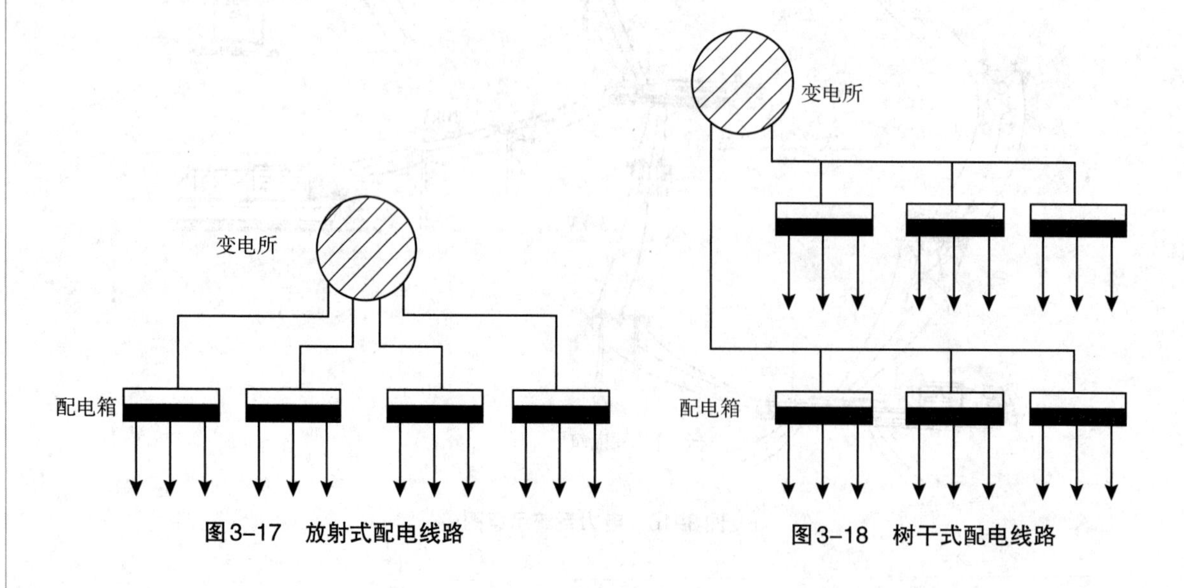

图3-17 放射式配电线路　　图3-18 树干式配电线路

3.学校供配电　学校供配电常为树干式配电，如图3-19所示。

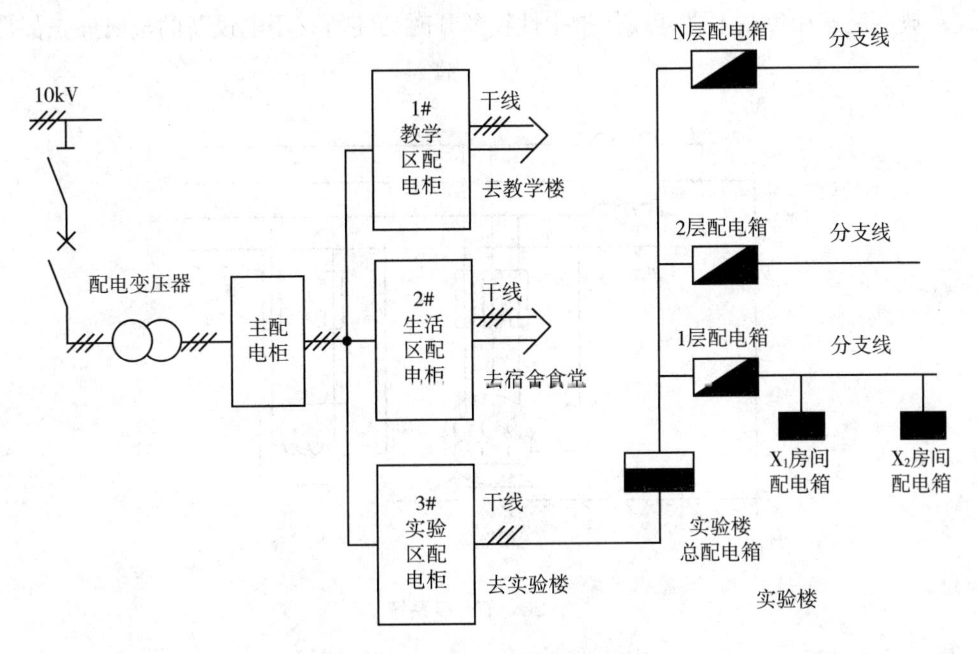

图3-19　树干式配电线路示意图

二、低压配电系统的分类

我国110kV及以上系统普遍采用中性点直接接地系统，35kV、10kV系统普遍采用中性点不接地系统或经大阻抗接地系统。我国220V或380V低压配电系统，广泛采用中性点直接接地的运行方式，而且引出有中性线（N）、保护线（PE）或保护中性线（PEN）。

中性线（N）的功能：①用来接用额定电压为系统相电压的单相用电设备；②用来传导三相系统中的不平衡电流和单相电流；③减小负荷中性点的电位偏移。

保护线（PE）的功能：用来保障人身安全、防止发生触电事故用的接地线。

保护中性线（PEN）的功能：兼有中性线和保护线的功能，这种保护中性线在我国通常叫"零线"，俗称"地线"。

根据国际电工委员会（IEC）的规定，低压配电系统按接地方式的不同分为三类，即TT、TN和IT系统，其中TN系统又分为TN-C、TN-S、TN-C-S系统。第一个字母代表电源端的接地方式，I表示不接地，T表示有一点直接接地；第二个字母代表电气装置的外露可导电部分的接地方式，T表示直接接地，N表示与电源端接地点有直接连接；后面的字母代表中性导线与保护导线的组合情况，S表示两者是分开的，C表示两者是合一的。

（一）TN系统

这种供电系统是将电气设备的金属外壳与工作零线相接的保护系统，称作接零保护系统，用TN表示。它的特点如下：一旦设备出现外壳带电，接零保护系统能将漏电电流上升为短路电流，这个电流很大，实际上就是单相对地短路故障，熔断器的熔丝会熔断，低压断路器的脱扣器会立即动作而跳闸，使故障设备断电，比较安全。TN系统节省材料、工时，在我国和其他许多国家得到广泛应用，比TT系统优点多。TN方式供电系统中，根据其保护零线是否与工作零线分开而划分为TN-C、TN-S、TN-C-S系统。

1.TN-C系统　是指三相四线制供电，该系统的中性线（N）和保护线（PE）是合一的，该

线又称为保护中性线（PEN），用工作零线兼作接零保护线，如图3-20所示。它的优点是节省了一条导线，缺点是三相负载不平衡或保护中性线断开时会使所有用电设备的金属外壳都带上危险电压。

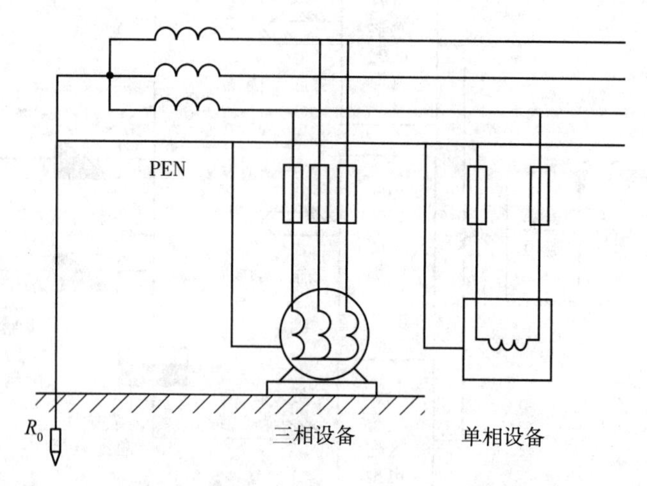

图3-20 TN-C系统

2.TN-S系统 是指三相五线制供电，该系统的N线和PE线是分开的，从变压器起就用五线供电，如图3-21所示。它的优点是PE线在正常情况下没有电流通过，因此不会对接在PE线上的其他设备产生电磁干扰。此外，由于N线与PE线分开，N线断开也不会影响PE线的保护作用。

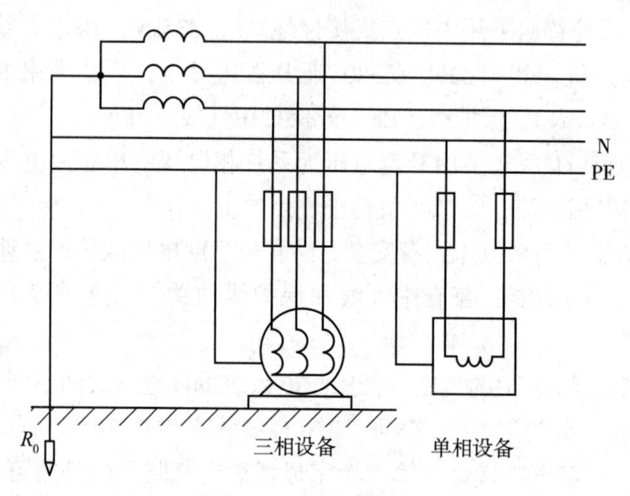

图3-21 TN-S系统

TN-S供电系统的特点如下。

（1）系统正常运行时，专用保护线上不会有电流，只是工作零线上有不平衡电流。PE线对地没有电压，所以电气设备金属外壳接零保护是接在专用的保护线PE上，安全可靠。

（2）工作零线只用作单相照明负载回路。

（3）专用保护线PE不许断线，也不许进入漏电开关。

（4）干线上使用漏电保护器，工作零线不得有重复接地，而PE线有重复接地，但是不经过漏电保护器，所以TN-S系统供电干线上也可以安装漏电保护器。

（5）TN-S方式供电系统安全可靠，适用于工业与民用建筑等低压供电系统。在建筑工程竣工前的“三通一平”（电通、水通、路通和地平）必须采用TN-S方式供电系统。

3.TN-C-S系统　是指三相四线与三相五线混合供电系统，该系统从变压器到用户配电箱是四线制供电，中性线和保护地线是合一的。从配电箱到用户中性线和保护地线是分开的，所以它兼有TN-C系统和TN-S系统的特点，常用于配电系统末端环境较差或有对电磁抗干扰要求较严的场所，如图3-22所示。

在建筑施工临时供电中，如果前部分是TN-C方式供电，而施工规范规定施工现场必须采用TN-S方式供电系统，则可以在系统后部分现场总配电箱分出PE线。

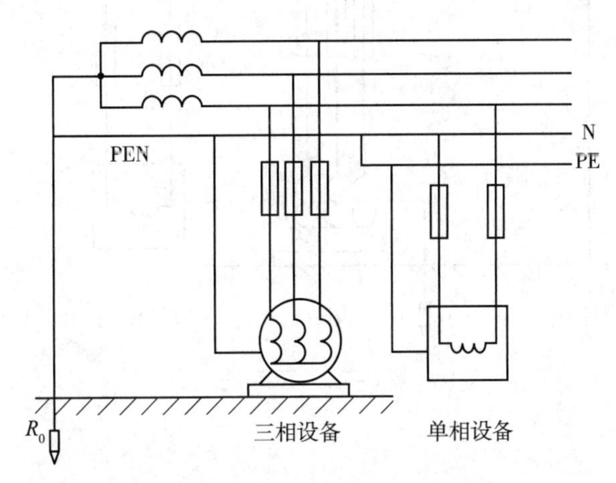

图3-22　TN-C-S系统

TN-C-S系统的特点如下。

（1）工作零线N与专用保护线PE相联通，线路不平衡电流比较大时，电气设备的接零保护受到零线电位的影响。负载越不平衡，设备外壳对地电压偏移就越大，所以要求负载不平衡电流不能太大，而且在PE线上应作重复接地。

（2）PE线在任何情况下都不能进入漏电保护器，因为线路末端的漏电保护器动作会使前级漏电保护器跳闸造成大范围停电。

（3）对PE线除了在总箱处必须和N线相接以外，其他各分箱处均不得把N线和PE 线相连，PE线上不许安装开关和熔断器。

TN-C-S供电系统是在TN-C系统上临时变通的做法。当三相电力变压器工作接地情况良好、三相负载比较平衡时，TN-C-S系统在施工用电实践中效果还是可行的，但是，在三相负载不平衡、建筑施工工地有专用的电力变压器时，必须采用TN-S方式供电系统。

（二）TT系统

TT系统是指将电气设备的金属外壳直接接地的保护系统，称为保护接地系统，也称 TT系统。在TT系统中负载的所有接地均称为保护接地，如图3-23所示。

TT系统中性点直接接地，而其中设备的外露可导电部分均经PE线单独接地，根据住宅设计规范规定，住宅供电系统，应采用TT、TN系统接地方式。

TT系统的特点如下。

（1）当电气设备的金属外壳带电（相线碰壳或设备绝缘损坏而漏电）时，由于有接地保护，可以大大减少触电的危险性，但是，低压断路器（自动开关）不一定能跳闸，造成漏电设备的外壳对地电压高于安全电压，属于危险电压。

（2）当漏电电流比较小时，即使有熔断器也不一定能熔断，所以还需要漏电保护器作保护，因此TT系统难以推广。

（3）TT系统接地装置耗用钢材多，而且难以回收，费工时、费料。TT系统适用于接地保护很分散的地方。

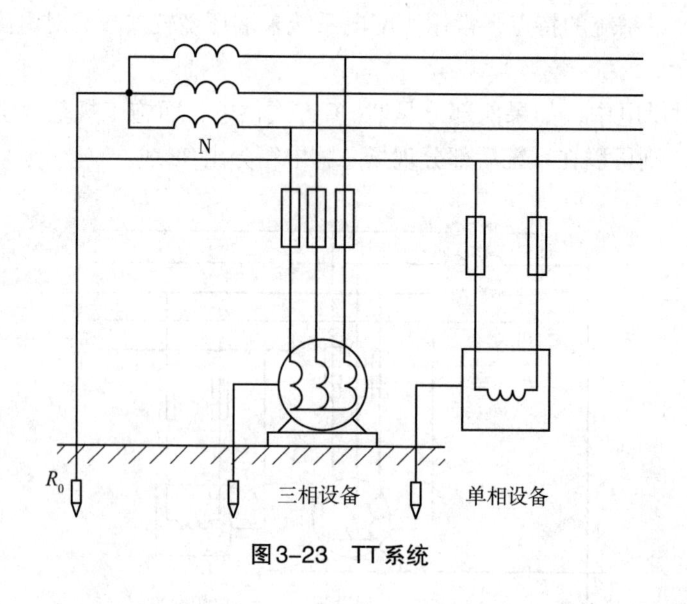

图3-23 TT系统

（三）IT系统

IT方式供电系统是指电源变压器中性点不接地（或通过高阻抗接地），而电气设备外壳采用保护接地，如图3-24所示。IT系统适用于环境条件不良、易发生一相接地或火灾爆炸的场所，如10kV及35kV的高压系统和矿山、井下的某些低压供电系统。IT方式供电系统在供电距离不是很长时，供电的可靠性高、安全性好。地下矿井内供电条件比较差，电缆易受潮，运用IT方式供电系统，即使电源中性点不接地，一旦设备漏电，单相对地漏电流仍小，不会破坏电源电压的平衡，所以比电源中性点接地的系统还安全。但是，如果用在供电距离很长时，供电线路对大地的分布电容就不能被忽视了，在负载发生短路故障或漏电使设备外壳带电时，保护设备不一定动作，这是很危险的。

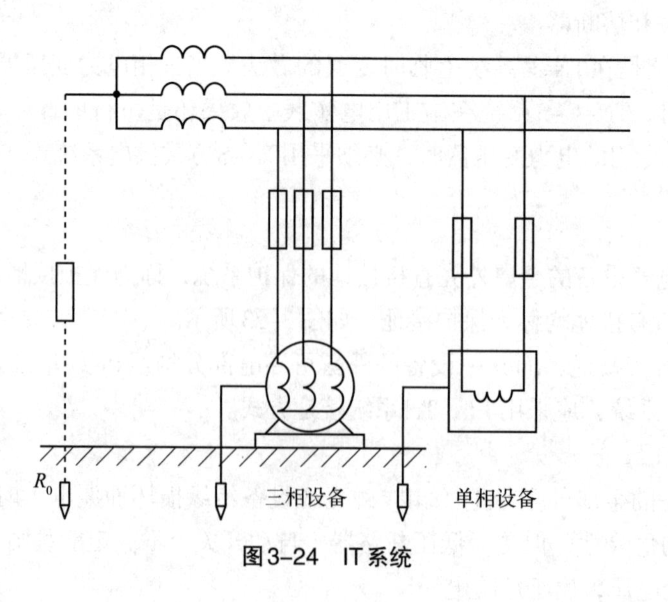

图3-24 IT系统

由于IT系统中性点不接地，设备外壳单独接地，因此当系统发生单相接地故障时，三相用电设备及接线电压的单相设备仍能继续运行，但应发出报警信号，以便及时处理。

PPT

第六节　安全用电

一、安全用电常识

（一）人身触电事故

当电流流过人体时对人体内部造成生理机能伤害，称之为人身触电事故。电流对人体伤害的严重程度一般与通过人体电流的大小、时间、部位、频率和触电者的身体状况有关。流过人体的电流越大，危险越大；电流通过人体脑部和心脏时最为危险；工频电流危害要大于直流电流。

触电后能自行摆脱的最大电流称为摆脱电流。对于成年人而言，摆脱电流约在15mA以下，摆脱电流被认为是人体只在较短时间内可以忍受而一般不会造成危险的电流。当通过人体的电流达到50mA以上时则有生命危险。而一般情况下，30mA以下的电流通常在短时间内不会造成生命危险，故将其称为安全电流。

触电事故对人体造成的直接伤害主要有电击和电伤两种。电击是指电流通过人体细胞、骨骼、内脏器官、神经系统等造成的伤害。电伤一般是指由于电流的热效应、化学效应和机械效应对人体外部造成的局部伤害，如电弧伤、电灼伤等。此外，人身触电事故经常对人体造成二次伤害，二次伤害是指因为触电引起的高空坠落，以及电气着火、爆炸等对人造成的伤害。

（二）人体触电的主要类型

1.单相触电　由于电线绝缘破损、导线金属部分外露、导线或电气设备受潮等原因使其绝缘能力降低，导致站在地上的人体直接或间接地与火线接触，这时电流就通过人体流入大地而造成单相触电事故，如图3-25所示。

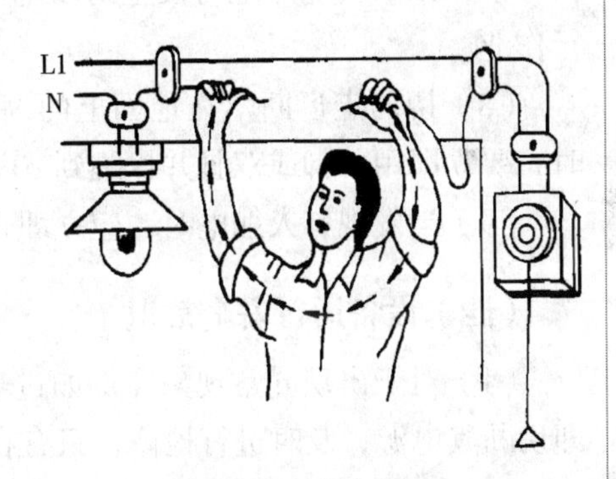

图3-25　单相触电

2.两相触电　是指人体同时触及两相电源或两相带电体，电流由一相经人体流入另一相，此时加在人体上的最大电压为线电压，其危险性最大。两相触电如图3-26所示。

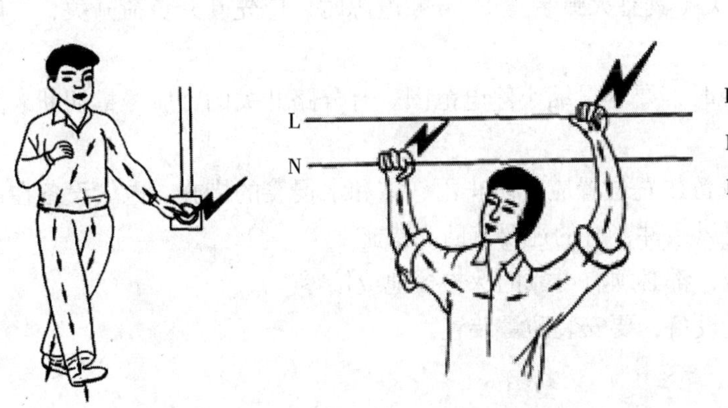

图3-26　两相触电

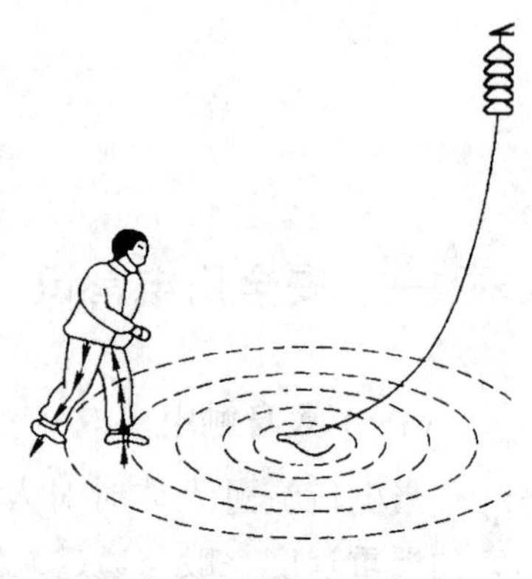
图3-27　跨步电压触电

3. 跨步电压触电　对于外壳接地的电气设备，当绝缘损坏而使外壳带电，或导线断落发生单相接地故障时，电流由设备外壳经接地线、接地体（或由断落导线经接地点）流入大地，向四周扩散。如果此时人站立在设备附近地面上，两脚之间也会承受一定的电压，称为跨步电压。跨步电压的大小与接地电流、土壤电阻率、设备接地电阻及人体位置有关。当接地电流较大时，跨步电压会超过允许值，发生人身触电事故。特别是在发生高压接地故障或雷击时，会产生很高的跨步电压，如图3-27所示。跨步电压触电也是危险性较大的一种触电方式。

（三）人身安全知识

（1）在维修或安装电气设备、电路时，必须严格遵守各项安全操作规程和规定。

（2）在操作前应对所用工具的绝缘手柄、绝缘手套和绝缘靴等安全用具的绝缘性能进行测试，有问题的不可使用，应马上调换。

（3）进行停电操作时，应严格遵守相关规定，切实做好防止突然送电的各项安全措施，如锁上刀开关，并悬挂“有人工作，不许合闸”的警告牌等，绝不允许约定时间送电。

（4）不掌握电气知识和技术的人员，不可安装和拆卸电气设备及电路。

（5）不可用湿手接触带电的电器，如开关、灯座等，更不可用湿布揩擦电器。

（6）发现任何电气设备或电路的绝缘有破损时，应及时对其进行绝缘恢复。

（7）雷雨时，不要接触或走近高电压电杆、铁塔和避雷针接地导线的周围，不要站在高大的树木下，以防雷电入地时发生跨步电压触电；雷雨天禁止在室外变电所或室内的架空引入线上进行作业。

（8）切勿走近断落在地面上的高压电线，万一高压电线断落在身边或已进入跨步电压区域时，要立即用单脚或双脚并拢跳到10m以外的地方。为了防止跨步电压触电，千万不可奔跑。

（9）当发现有人触电时，应立即采取正确的抢救措施。

（四）设备运行安全常识

（1）对于出现异常现象（例如过热、冒烟、异味、异声等）的电气设备、装置和电路，应立即切断其电源，及时进行检修，只有在故障排除后，才可继续运行。

（2）对于开关设备的操作，必须严格遵照操作规程进行，合上电源时，应先合隔离开关（一般不具有灭弧装置），再合负荷开关（具有灭弧装置）；分断电源时，应先断开负荷开关，再断开隔离开关。

（3）在需要切断故障区域电源时，要尽量缩小停电范围。有分路开关的，应尽量切断故障区域的分路开关，避免越级切断电源。

（4）应避免电气设备受潮，设备放置位置应有防止雨、雪和水侵袭的措施。电气设备在运行时往往会发热，所以要有良好的通风条件，有的还要有防火措施。

（5）所有电气设备的金属外壳，都必须有可靠的保护接地或接零。

（6）对于有可能被雷击的电气设备，要安装防雷装置。

（五）电气设备的接地

接地，是利用大地为正常运行、发生故障及遭受雷击等情况的电气设备提供对地电流通路，从而保证电气设备和人身的安全。

医药大学堂
WWW.YIYAODXT.COM

1. 工作接地　为了保证电气设备的正常工作，将电路中的某一点通过接地装置与大地可靠地连接起来就称为工作接地。如变压器低压侧的中性点、电压互感器和电流互感器的二次侧某一点接地等，其作用是为了降低人体的接触电压（图3-28）。

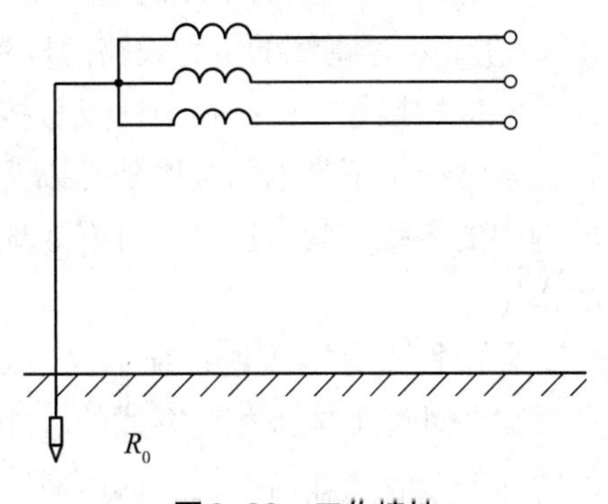

图3-28　工作接地

2. 保护接地　就是电气设备在正常情况下不带电的金属外壳以及与它连接的金属部分与接地装置作良好的金属连接。

（1）保护接地原理　在中性点不直接接地的低压系统中带电部分意外碰壳时，接地电流I_e通过人体和电网与大地之间的电容形成回路，此时流过故障点的接地电流主要是电容电流。当电网对地绝缘正常时，此电流不大；如果电网分布很广或者电网绝缘性能显著下降，这个电流可能上升到危险程度，造成触电事故，如图3-29（a）所示。图中R_r为人体电阻，R_0为保护接地电阻。

为解决上述可能出现的危险，可采用图3-29（b）所示的保护接地措施。图中人体电阻为R_r保护接地电阻为R_0。这时通过人体的电流仅是全部接地电流I_e的一部分I_b。由于R_0与R_r是并联关系，在R_r一定的情况下，接地电流I_e主要取决于保护接地电阻R_0的大小。适当控制R_0的大小（应在4Ω以下）即可以把I_b限制在安全范围以内，保证操作人员的人身安全。

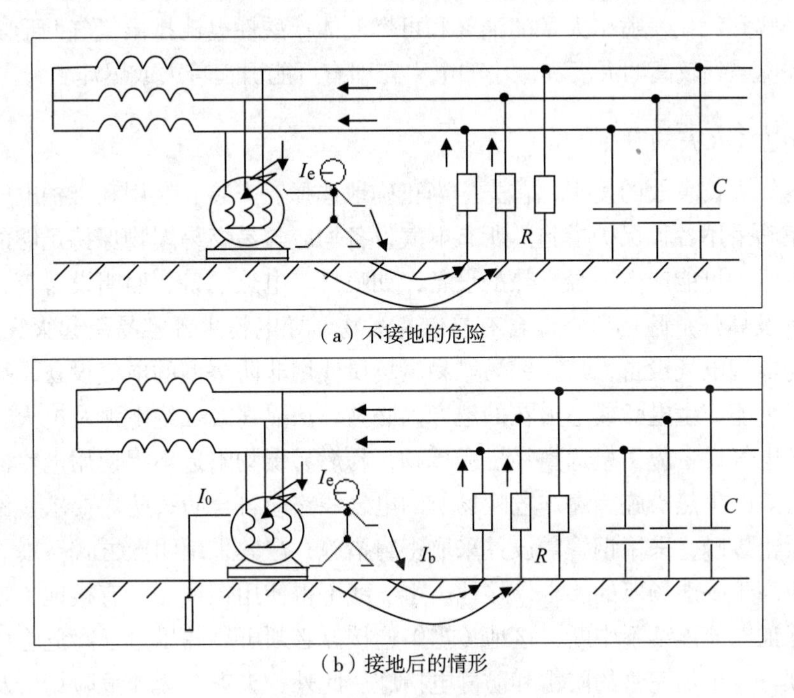

（a）不接地的危险

（b）接地后的情形

图3-29　保护接地原理

（2）保护接地的应用范围　保护接地适用于中性点不直接接地的电网，在这种电网中，在正常情况下与带电体绝缘的金属部分，一旦绝缘损坏漏电或感应电压就会造成人员触电的事故，除有特殊规定外均应保护接地。应采取保护接地的设备举例如下。

1）电机、变压器、照明灯具、携带式及移动式用电器具的金属外壳和底座。

2）电器设备的传动机构。

3）室内外配电装置的金属构架及靠近带电体部分的金属围栏和金属门以及配电屏、箱、柜和控制屏、箱、柜的金属框架。

医药大学堂
WWW.YIYAODXT.COM

4）互感器的二次线圈。

5）交、直流电力电缆的接线盒、终端盒的金属外壳和电缆的金属外皮。

6）装有避雷线的电力线路的杆和塔。

3.保护接零 就是在中性点直接接地的系统中，把电器设备正常情况下不带电的金属外壳以及与它相连接的金属部分与电网中的零线作紧密连接，可有效地起到保护人身和设备安全的作用。

在中性点直接接地系统中，当某相绝缘损坏碰壳短路时，通过设备外壳形成该相对零线的单相短路，短路电流能使线路上的保护装置（如熔断器、低压断路器等）迅速动作，从而把故障部分的电源断开，消除触电危险（图3-30）。

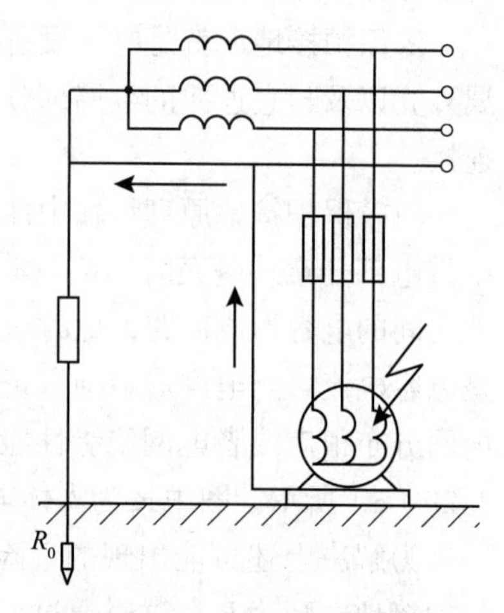

图 3-30 保护接零原理

二、电气火灾消防基本知识

在火灾事故中，电气火灾所占比重比较大，几乎所有的电气故障都可能导致电气火灾，特别是在可能存有石油液化气、煤气、天然气、汽油、柴油、乙醇、棉、麻、化纤织物、木材、塑料等易燃易爆物的场所；另外一些设备本身可能会产生易燃易爆物质，如设备的绝缘油在电弧作用下分解和汽化，喷出大量的油雾和可燃气体；酸性电池排出氢气并形成爆炸性混合物等。一旦这些环境遇到较高的温度和微小的电火花即有可能引起着火或爆炸。

（一）预防电气火灾的发生

为了防止电气火灾事故的发生，首先应当正确地选择、安装、使用和维护电气设备及电气线路，并按规定正确采用各种保护措施。所有电气设备均应与易燃易爆物保持足够的安全距离，有明火的设备及工作中可能产生高温高热的设备，如喷灯、电热设备、照明设备等，使用后应立即关闭。对于火灾及爆炸危险场所，即含有易燃易爆物、导电粉尘等容易引起火灾或爆炸的场所，应按要求使用防爆型电气设备，禁止在易燃易爆场所使用非防爆型的电气设备，特别是携带式或移动式设备；对可能产生电弧或电火花的地方，必须设法隔离或杜绝电弧及电火花的产生。外壳表面温度较高的电气设备应尽量远离易燃易爆物，易燃易爆物附近不得使用电热器具，如必须使用时，应采取有效的隔热措施。爆炸危险场所的电气线路应符合防火防爆要求，保证足够的导线截面和接头的紧密接触，采用钢管敷设并采取密封措施，严禁采用明敷方式。爆炸危险场所的接地（或接零）应高于一般场所的要求，接地（零）线不得使用铝线，所有接地（零）应连接成连续的整体，以保证电流连续不中断，接地（零）连接点必须可靠并尽量远离危险场所。火灾及爆炸危险场所必须具有更加完善的防雷和防静电措施。此外，火灾及爆炸危险场所及与之相邻的场所，应用非可燃材料或耐火材料构筑。在爆炸危险场所，一般不应进行测量工作，也应避免带电作业，更换灯泡等工作也应在断电之后进行。

（二）预防静电火灾的发生

静电的产生比较复杂，大量的静电荷积聚，能够形成很高的电位。油在车船运输和管道输送中，会产生静电；传送带上，也会产生静电。这类静电现象在塑料、化纤、橡胶、印刷、纺织、造纸等生产行业是经常发生的。

医药大学堂 WWW.YIYAODXT.COM

静电的特点是静电电压很高，有时可高达数万伏；静电能量不大，发生人身静电电击时，触电电流往往瞬间被释放，一般不会有生命危险。绝缘体上的静电泄放很慢，静电带电体周围很容易发生静电感应和尖端放电现象，从而产生放电火花或电弧。静电最严重的危害就是可能引起火灾和爆炸事故，特别是在易燃易爆场所，很小的静电火花即可能带来严重的后果。因此，必须对静电的危害采取有效的防护措施。

对于可能引起事故的静电带电体，最有效的措施就是通过接地，将静电荷及时释放，从而消除静电的危害。通常防静电接地电阻不大于100Ω。对带静电的绝缘体应采取金属丝缠绕、屏蔽接地的方法；还可以采用静电中和器。对容易产生尖端放电的部位应采取静电屏蔽措施，对电容器、长距离线路及电力电缆等，在进行检修或试验工作前应先放电。

静电带电体的防护接地应有多处，特别是两端，都应接地。因为当导体由于静电感应而带电时，其两端都将积聚静电荷，一端接地只能消除部分危险，未接地端所带电荷不能释放，仍存在事故隐患。

凡用来加工、储存、运输各种易燃性液体、气体和粉尘性材料的设备，均须妥善接地。比如运输汽油的汽车，应带金属链条，链条一端和油槽底盘相连，另一端拖在地面上，装卸油之前，应先将油槽车与储油罐相连并接地。

（三）电气消防常识

当发生电气设备火灾或电气设备附近发生火灾时，应立即拨打119火警电话报警。扑救电气火灾时应注意触电危险，应立即切断电源。然后注意运用正确的灭火知识，采取正确的方法灭火。

夜间断电救火应有临时照明措施。切断电源时应有选择，尽量局部断电，不得带负荷拉刀开关或隔离开关。火灾发生后，由于受潮或烟熏，使开关设备的绝缘能力降低，所以拉闸时最好使用绝缘工具。剪断导线时应使用带绝缘手柄的工具，并注意防止断落的导线伤人；不同相线应在不同部位剪断，以防造成短路；剪断空中电线时，剪断位置应选择在靠电源方向的支持物附近。带电灭火时，灭火人员应占据合理的位置，与带电部位保持安全距离。用水枪带电灭火时，宜采用泄漏电流小的喷雾水枪，并将水枪喷嘴接地，灭火人员应戴绝缘手套、穿绝缘靴或穿均压服进行操作。常用的灭火器种类如下。

1.干粉灭火器 主要适用于扑救石油及其衍生产品、油漆、可燃气体和电气设备的初起火灾，但不可用于电机着火时的扑救。

2.二氧化碳灭火器 主要适用于扑救额定电压低于600V电气设备、仪器仪表、档案资料、油脂及酸类物质的初起火灾，但不适用于扑灭金属钾、钠、镁、铝的燃烧。

3.1211灭火器 适用于扑救电气设备、仪表、电子仪器、油类、化工、化纤原料、精密机械设备、文物、图书、档案等的初起火灾。

4.泡沫灭火器 适用于扑救油脂类、石油类产品及一般固体物质的初起火灾。但绝不可用于带电体的灭火。

三、触电急救

众多的触电抢救实例表明，触电急救对于减少触电伤亡是行之有效的。人触电后，往往会失去知觉或者出现假死，此时，触电者能否被救治的关键在于救护者是否能及时采取正确的救护方法。实际生活中发生触电事故后能够实行正确救护者为数不多，其中多数事故都具备触电急救的条件和救活的机会，但都因抢救无效而死亡。这除了有发现过晚的因素之外，救护者不懂得触电急救方法和缺乏救护技术，不能进行及时、正确地抢救，是未能使触电者生还的主要原因。

1. 快速摆脱电源 如在事故现场附近，应迅速拉下开关或拔出插头，以切断电源；如距离事故现场较远，应立即通知相关部门停电，同时使用带有绝缘手柄的钢丝钳等切断电源，或者使用干燥的木棒、竹竿等绝缘物将电源移掉，从而使触电者迅速脱离电源。如果触电者身处高处，应考虑到其脱离电源后有坠落、摔跌的可能，所以应同时做好防止人员摔伤的安全措施。如果事故发生在夜间，应准备好临时照明工具。

2. 抢救措施 当触电者脱离电源后，将触电者移至通风干燥的地方，在通知医务人员前来救护的同时，还应现场就地检查和抢救。首先使触电者仰天平卧，松开其衣服和裤带；检查瞳孔是否放大，呼吸和心跳是否存在；再根据触电者的具体情况而采取相应的急救措施。对于没有失去知觉的触电者，应对其进行安抚，使其保持安静；对触电后精神失常的，应防止发生突然狂奔的现象。

3. 急救方法

（1）对失去知觉的触电者，如呼吸不齐、微弱或呼吸停止而有心跳的，应采用口对口人工呼吸法进行抢救。具体方法是：先使触电者头偏向一侧，清除口中的血块、痰液或口沫，取出口中假牙等杂物，使其呼吸道畅通；急救者深深吸气，捏紧触电者的鼻子，大口地向触电者口中吹气，然后放松鼻子，使之自身呼气，每5秒一次，重复进行，在触电者苏醒之前，不可间断。

（2）对有呼吸而心脏跳动微弱、不规则或心跳已停的触电者，应采用胸外心脏按压法进行抢救。先使触电者头部后仰，急救者跪跨在触电者臀部位置，右手掌置放在触电者的胸上，左手掌压在右手掌上，向下挤压3~4cm后，突然放松。挤压和放松动作要有节奏，每秒钟1次（儿童2秒钟3次），按压时应位置准确，用力适当，用力过猛会造成触电者内伤，用力过小则无效，对儿童进行抢救时，应适当减小按压力度，在触电者苏醒之前不可中断。

（3）对于呼吸与心跳都停止的触电者的急救，应该同时采用“口对口人工呼吸法”和“胸外心脏按压法”。如急救者只有一人，应先对触电者吹气2次（约5秒内完成），然后再挤压15次（约10秒内完成），如此交替重复进行至触电者苏醒为止。如果是两人合作抢救，吹气时应使触电者胸部放松，只可在换气时进行按压。

（4）触电急救口诀

有人触电莫手牵，伤员脱电最关键；
切断电源是首先，干燥竹木可断电。
脱电伤员要平放，检查呼吸和心跳；
人工急救不间断，联系医生要尽快。
清口捏鼻手抬颔，深吸缓吹口对紧；
张口困难吹鼻孔，五秒一次不放松。
掌根下压不冲击，突然放松手不离；
手腕略弯压一寸，一秒一次较适宜。

实训四　学校供电系统认知

【实训目的】

1. 对10kV及以下供配电系统进行观察认知。
2. 观察掌握学校内10kV降压变压器的结构、接线方式及原理。
3. 掌握学校教学楼、宿舍楼及实验室的配电系统类型、负荷分配及设备人员安全措施。

【实训设备】

1.学校变电站。

2.教学楼、宿舍楼及实验实训楼的总配电室及各个房间的配电箱。

3.教学设备及实验实训设备。

【实训要求】

1.画出所在学校供配电系统示意图。

2.画出实验实训楼某个房间配电示意图。

3.对学校供配电系统及安全用电提出意见或建议。

习题

一、单项选择题

1.下列结论中错误的是（　）。

A.当负载作Y连接时，必须有中线

B.当三相负载越接近对称时，中线电流就越小

C.当负载作Y连接时，线电流必等于相电流

D.当负载作△形连接时，线电流是相电流的$\sqrt{3}$倍

2.三相四线制电源能输出（　）种电压。

A.2　　B.3　　C.1　　D.4

3.我国规定的交流安全电压等级有6、12、24、36、（　）V。

A.42　　B.48　　C.60　　D.220

4.若要求三相负载中各相电压均为电源相电压，则负载应接成（　）。

A.星形有中线　　B.星形无中线　　C.三角形连接　　D.星形、三角形均可

5.对称三相交流电路，三相负载为△连接，当电源线电压不变时，三相负载换为Y连接，三相负载的相电流应（　）。

A.增大　　B.减小　　C.不变　　D.无法确定

6.已知三相电源线电压U_L=380V，三角形连接对称负载Z=（6+j8）Ω，则线电流I_L=（　）A。

A.38$\sqrt{3}$　　B.22$\sqrt{3}$　　C.38　　D.22

7.对称三相交流电路中，三相负载为△连接，当电源电压不变，而负载变为Y连接时，对称三相负载所吸收的功率（　）。

A.减小　　B.增大　　C.不变　　D.无法确定

8.三相对称负载作三角形连接时（　）。

A.$I_l = \sqrt{3} I_p$，$U_l = U_p$　　B.$I_l = I_p$，$U_l = \sqrt{3} U_p$

C.不确定　　D.$I_V = I_P$，$U_V = U_P$

9.在负载为星形连接的对称三相电路中，各线电流与相应的相电流的关系是（　）。

A.大小、相位都相等

B.大小相等、线电流超前相应的相电流

C.线电流大小为相电流大小的$\sqrt{3}$倍、线电流超前相应的相电流

D.线电流大小为相电流大小的$\sqrt{3}$倍、线电流滞后相应的相电流

医药大学堂 WWW.YIYAODXT.COM

10.对称三相电路总有功功率为$P=\sqrt{3}\,U_l I_l\cos\varphi$，式中的$\varphi$角是（　）。

A.线电压与线电流之间的相位差角　　B.相电压与相电流之间的相位差角

C.线电压与相电流之间的相位差角　　D.相电压与线电流之间的相位差角

二、简答题

1.对触电者应如何进行急救?

2.已知某单相变压器的一次绕组电压为3000V，二次绕组电压为220V，负载是一台220V、25kW的电阻炉，试求一、二次绕组的电流各为多少?

3.有一个对称三相负载，$Z=(4-j3)\ \Omega$接在$u=220\sin 314t$V的三相对称交流电源上，分别计算下面两种情况下负载的有功功率、无功功率和视在功率。

（1）负载为三角形连接；（2）负载为星形连接。

第四章　电动机

知识目标

1.掌握　三相交流异步电动机的结构、工作原理；三相交流异步电动机的起动、反转和调速方法。

2.熟悉　三相异步电动机的铭牌数据；三相交流异步电动机的制动；单相异步电动机的结构、原理。

3.了解　三相异步电动机的电磁转矩与机械特性；直流电动机的结构、原理及使用。

能力目标

1.学会　合理根据工作需要选用电动机的类型；使用三相异步电动机；使用钳形电流表、转速表及常用拆卸工具；三相交流异步电动机起动、反转、调速及制动的方法。

2.具备　读懂三相异步电动机铭牌数据的能力；读懂电动机的机构原理图的能力；拆装三相异步电动机的能力；安全使用电动机的能力；严谨求实的工作态度。

案例讨论

案例　在对制药压片机安装或维修后进行调试时，需要观察电动机是否能够带动转盘顺时针旋转。如果旋转方向为逆时针，需要对调给电动机接线盒供电的任意两根火线，转盘的旋转方向就会变为顺时针。

讨论　为什么对调给电动机接线盒供电的任意两根火线，电动机带动转盘的旋转方向就会改变？

第一节　电动机的种类和主要用途

PPT

电动机的作用是将电能转换为机械能。现代各种生产机械和医疗设备都广泛应用电动机来驱动。

一、电动机的种类

电动机可以分为交流电动机和直流电动机两大类。交流电动机分为异步电动机和同步电动机，异步电动机又分为单相异步电动机和三相异步电动机。单相异步电动机根据产生磁场的方法不同可分为分相式和罩极式 。三相异步电动机按转子绕组的不同分为笼式和绕线式。直流电动机按结构及工作原理可划分无刷直流电动机和有刷直流电动机。有刷直流电动机可分为永磁直流电动机和电磁直流电动机。永磁直流电动机分为稀土永磁直流电动机、铁氧体永磁直流电动机和铝镍钴永磁直流电动机。电磁直流电动机分为串励直流电动机、并励直流电动机、他励直流电动机和复励直流电动机四种。

二、电动机的主要用途

异步电动机的定子绕组接上电源后，由电源供给励磁电流建立磁场，依靠电磁感应的作用，使转子绕组产生感应电流，产生电磁转矩，实现电能与机械能的转换，因此异步电动机也称感应电动机。

异步电动机具有结构简单，制造、使用和维护方便，运行可靠等优点。主要广泛应用于驱动机床、矿山机械、家用电器和医疗设备等。如家用电器电冰箱、空调等；医疗器械CT、MIR以及验血、验尿用的离心机等。

同步电机具有在稳态运行时，转子的转速与电网的频率之间存在一种严格不变的特点，所以常常用于大型机械（如水泵、压缩机等）以及小型、微型仪器设备或者充当控制元件。其中以三相同步电动机为主体。

直流电动机的电枢绕组接上直流电源后，转子绕组在励磁电流建立的磁场里受到安培力的作用产生转矩，从而实现电能与机械能的转换。

直流电动机具有调速性能好、起动容易等优点，在20世纪70年代以前的很长一段时间里，一些控制要求高的机械如机床、轧钢机等都用直流电动机作为拖动电动机。但随着交流电动机控制技术的进步，直流电动机与交流电动机相比，其结构复杂、成本较高、可靠性稍差，故直流电动机在传统工业中的重要地位正逐步被交流电动机取代。

PPT

第二节　三相异步电动机

异步电动机具有结构简单、坚固耐用、运行可靠、效率较高、使用和维护方便等一系列优点，它是工农业生产中使用最多的一种电动机。本教材主要讲述三相异步电动机的基本结构、工作原理、机械特性和控制方法。

一、结构及原理

（一）结构

三相异步电动机由定子和转子构成，固定部分称为定子，旋转部分称为转子，如图4–1所示。定子和转子都由铁心和绕组组成，如图4–2、4–3所示。定子的三相绕组为U_1U_2、V_1V_2、W_1W_2，其作用是产生旋转磁场，如图4–4所示。转子分为笼式和绕线式两种结构。笼式转子绕组有铜条和铸铝两种形式。绕线式转子绕组的形式与定子绕组基本相同，3个绕组的末端连接在一起构成星形连接，3个始端连接在3个铜集电环上，起动变阻器和调速变阻器通过电刷与集电环和转子绕组相连接。转子的作用是在旋转磁场作用下，产生感应电动势或电流。

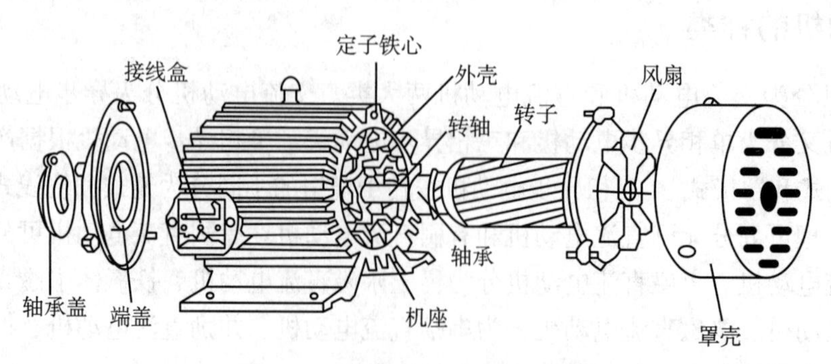

图4–1　三相异步电动机结构组成

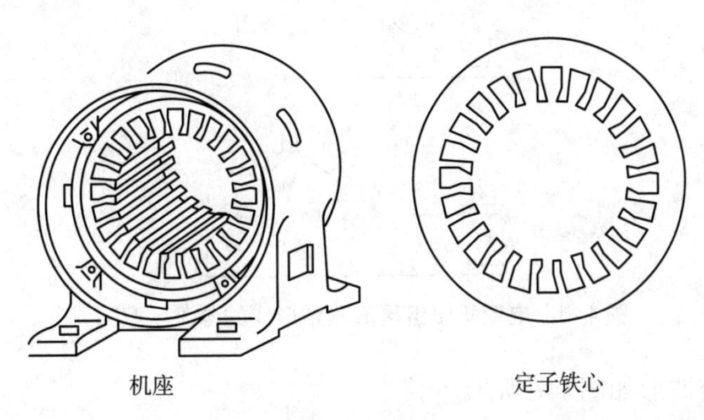

图4-2　定子铁心

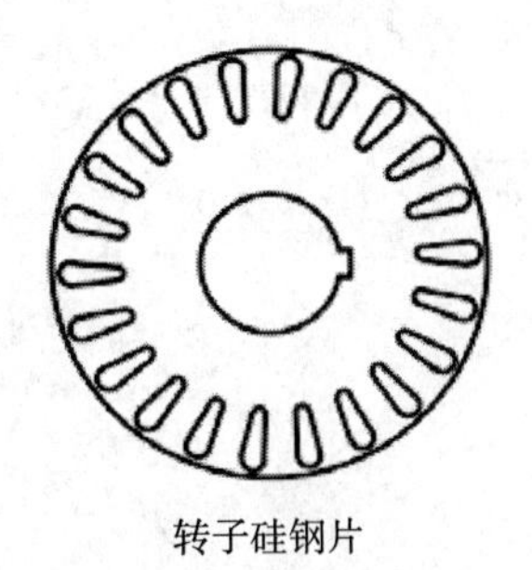

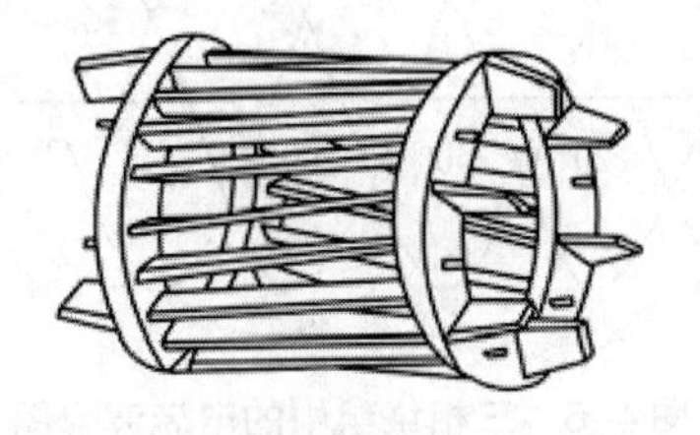

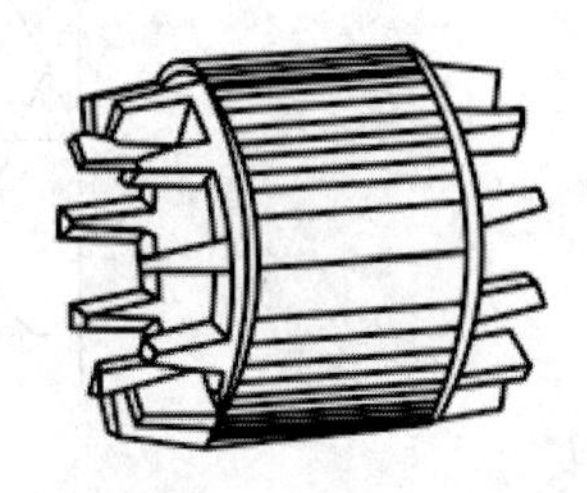

图4-3　鼠笼型转子

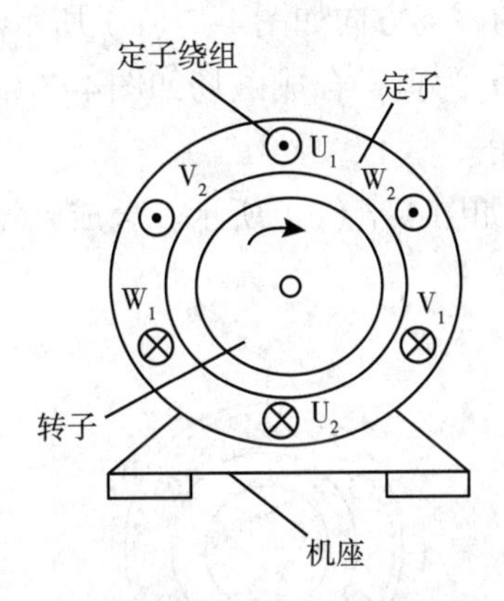

图4-4　电动机的断面结构示意图

(二)定子绕组的工作原理

1. 旋转磁场的产生　把三相定子绕组接成星形并接到对称三相电源上，定子绕组中便有对称三相电流流过，电流参考方向如图4-5所示。

三相绕组中的电流瞬时值表达为：

$$i_{\mathrm{V}} = \sqrt{2} I_p \sin\omega t$$

$$i_{\mathrm{r}} = \sqrt{2} I_p \sin(\omega t - 120°)$$

$$i_{\mathrm{W}} = \sqrt{2} I_p \sin(\omega t + 120°)$$

医药大学堂
WWW.YIYAODXT.COM

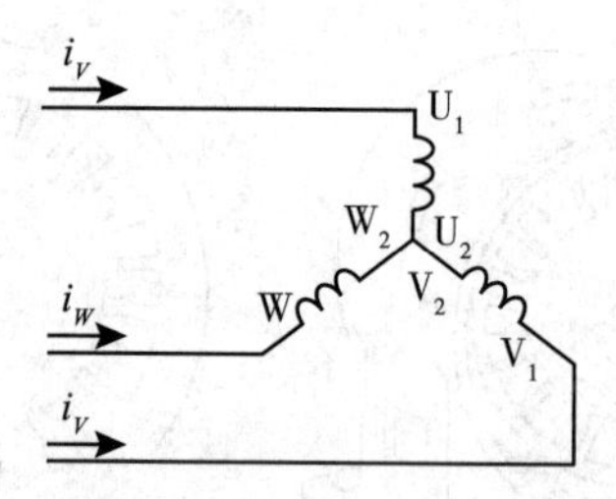

图4-5　电动机绕组星形联结形成的电流示意图

三相绕组中的电流波形如图4-6所示。

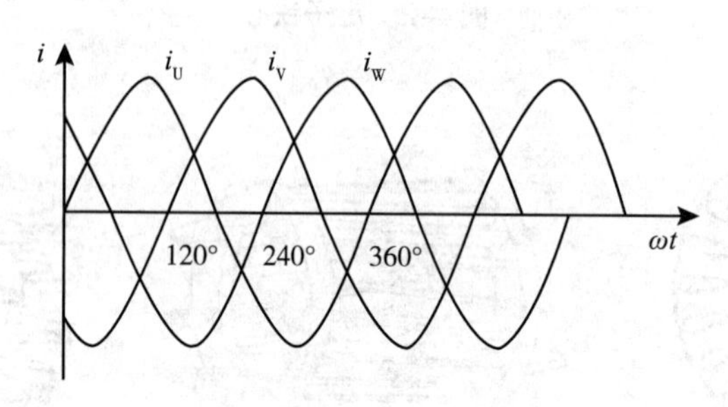

图4-6　三相绕组中的电流波形图

当ωt=0时，由三相电流的表达可知：i_u=0；i_v为负值，电流从V_2流入，V_1流出；i_w为正，电流从W_1流入，W_2流出。电流流入端用⊗表示，电流流出端用⊙表示，利用右手螺旋定则，可以确定当ωt=0瞬间，由三相电流合成的磁场方向如图4-7（a）所示。

当ωt=120°时，i_u为正，i_v=0，i_w为负，合成磁场如图4-7（b）所示。可见，合成磁场轴线相对于ωt=0瞬间，顺时针旋转120°角。

当ωt=240°时，合成磁场分别如图4-7（c）所示。合成磁场相对于ωt=0时，在空间又转过了240°角。

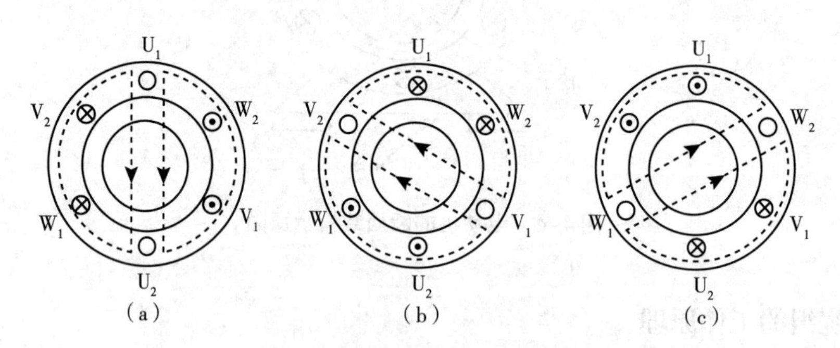

图4-7　电动机旋转磁场的产生

由上述分析得出，当三相定子绕组通入三相对称电流后，它们共同产生的合成磁场是随电流的交变而在空间不断地旋转着，这就是旋转磁场。旋转磁场同磁极在空间旋转所起的作用是一样的。

2.旋转磁场的转向　由图4-6可以看出，三相交流电的变化次序为正相序，即：U相达到最大值→V相达到最大值→W相达到最大值→U相，则产生的旋转磁场的旋转方向也为U相→V相→W相→U相，即与电流的相序一致。如果调换电动机三相绕组中任意两根连接电源的导线，则磁场旋转方向就反向。

3.旋转磁场的极数　三相异步电动机的极数就是旋转磁场的磁极数目。旋转磁场的极数和

三相绕组的结构有关。在图4-7中，每相绕组只有一个线圈，各相绕组在始端之间相差120°空间角，则产生的旋转磁场具有一对磁极，即$p=1$（p是磁极对数）。如将定子绕组每相绕组由两个线圈相串联，各相绕组的始端相差60°空间角，则产生的旋转磁场具有两对磁极，即$p=2$。

同理，若要产生三对磁极，即$p=3$的旋转磁场，则每相绕组必须由均匀安排在空间的三个线圈串联，各组绕组的始端之间相差40°（即120°/p）空间角。

4.旋转磁场的转速　与磁极对数有关，在一对磁极的情况下，由图4-7可见，当电流从$\omega t=0$到$\omega t=120°$经历了120°相位角时，磁场在空间转动了120°空间角。当电流在旋转磁场具有1对磁极的情况下，电流交变一周，磁场恰好在空间旋转了一转。设电流频率为f_1，即电流每秒钟交变f_1次，或每分钟交变$60f_1$次，则旋转磁场的转速$n_0=60f_1$，单位为转每分（r/min）。

在旋转磁场具有两对磁极的情况下，当电流从$\omega t=0°$到$\omega t=120°$，电流经历了120°相位角，磁场在空间转了60°空间角，即当电流交变了一次时，磁场旋转了半转，是$p=1$情况的1/2，即$n_0=60f_1/2$。

同理，在三对磁极的情况下，电流交变一次，磁极在空间只旋转三分之一转，是$p=1$情况下的1/3，即$n_0=60f_1/3$。

由以上可推知，当旋转磁场具有p对磁极时，磁场的转速为

$$n_0=\frac{60f_1}{p} \tag{4-1}$$

由此可见，旋转磁场的转速n_0取决于电流的频率f_1和磁场的磁极对数p。旋转磁场的转速n_0也称为同步转速。所以可得出如下结论。

（1）在对称的三相绕组中通入三相电流，可以产生在空间旋转的合成磁场。

（2）磁场旋转方向与电流相序一致。电流相序为U相⟶V相⟶W相⟶U相时磁场顺时针方向旋转；电流相序为U相⟶W相⟶V相⟶U相时磁场逆时针方向旋转。

（3）磁场转速（同步转速）与电流频率有关，改变电流频率可以改变磁场转速。对两极（一对磁极）磁场，电流变化一周，则磁场旋转一周。同步转速n_o与磁场磁极对数p的关系为

$$n_0=\frac{60f_1}{p} \tag{4-2}$$

（三）转子的转动原理

静止的转子与旋转磁场之间有相对运动，在转子导体中产生感应电动势，并在形成闭合回路的转子导体中产生感应电流，其方向用右手定则判定。转子电流在旋转磁场中受到磁场力F的作用，F的方向用左手定则判定。电磁力在转轴上形成电磁转矩，电磁转矩的方向与旋转磁场的方向一致。

电动机在正常运转时，其转速n总是稍低于同步转速n_0，因而称为异步电动机。又因为产生电磁转矩的电流是电磁感应所产生的，所以也称为感应电动机。

1.转子电动势和转子电流　定子绕组通入电流后，产生旋转磁场，与转子绕组间产生相对运动，由于转子电路是闭合的，故产生转子电流。根据左手定则可知在转子绕组上产生了电磁力。

2.电磁转距和转子旋转方向　电磁力分布在转子两侧，对转轴形成一个电磁转距T，电磁转距的作用方向与电磁力的方向相同，因此转子顺着旋转磁场的旋转方向转动起来，如图4-8所示。

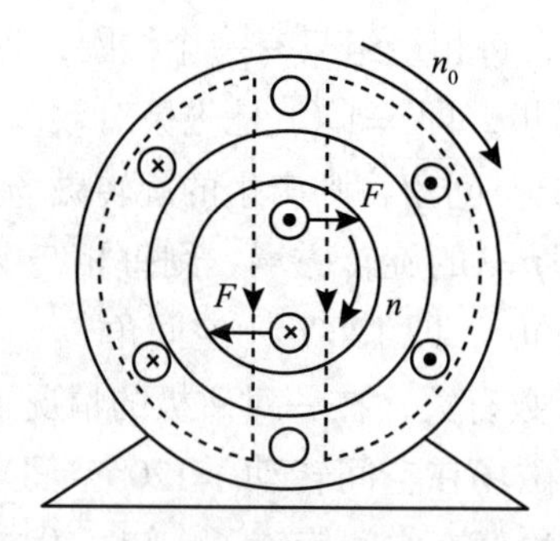

图4-8 三相异步电动机的转动原理

3. 转子转速和转差率 异步电动机同步转速和转子转速的差值与同步转速之比称为转差率，用s表示，即

$$s = \frac{n_0 - n}{n_0} \tag{4-3}$$

转差率s是指三相异步电动机转子转速n与旋转磁场转速n_0之间的差别程度。

转子转速 n 与旋转磁场的转速n_1的方向一致，但不能相等（应保持一定的转差）。转差率是三相异步电动机的一个重要物理量。当转子起动瞬间，$n=0$，$s=1$；当理想空载时，$n=n_0$，$s=0$。所以三相异步电动机在额定运行时的转差率在0与1之间，即$0<s<1$。通常三相异步电动机的额定转差率为1%~6%。

4. 异步电动机带负载运行 轴上加机械负载，轴阻力↑，转速↓，转子与旋转磁场相对切割速度↑，转子感应电流↑，输入电流↑。

【例4-1】有一台4极感应电动机，电压频率为50Hz，转速为1440r/min，试求这台感应电动机的转差率。

解：因为磁极对数$p=2$，所以同步转速为

$$n_0 = \frac{60f_1}{p} = \frac{60 \times 50}{2} = 1500\text{r/min}$$

转差率为

$$s = \frac{n_0 - n}{n_0} \times 100\% = \frac{1500 - 1440}{1500} \times 100\% = 4\%$$

二、电磁转矩与机械特性

（一）旋转磁场对定子绕组的作用

在三相异步电动机的三相定子绕组中通入三相交流电后，即产生旋转磁场。一般而言，旋转磁场按正弦规律变化，即

$$\Phi = \Phi_m \sin\omega t \tag{4-4}$$

旋转磁场以同步转速$n_0 = \frac{60f_1}{p}$旋转，而定子绕组不动，因此定子绕组切割旋转磁场产生的感应电动势的频率与电源频率一样，也是f_1定子绕组相当于变压器的原边绕组一样，产生的感应电动势为

$$E_1 = 4.44K_1 f_1 N_1 \Phi_m \tag{4-5}$$

由于定子绕组本身的阻抗压降比电源电压要小得多，即可以近似认为电源电压U_1与感应电动势E_1相等，即

$$U_1 \approx E_1 = 4.44K_1 f_1 N_1 \Phi_m \tag{4-6}$$

式中，N_1为定子每相绕组的串联匝数；K_1为绕组系数；Φ_m为旋转磁场产生的主磁通。

（二）旋转磁场对转子的作用

1.转子电路中的频率　转子旋转后，因为旋转磁场和转子的相对转速为n_0-n，所以转子内感应电动势的频率为

$$f_2 = \frac{p(n_0 - n)}{60} = \frac{n_0 - n}{n_0} \times \frac{pn_0}{60} = sf_1 \tag{4-7}$$

可见转子电路的频率f_2与转差率s有关，也与转子转速n有关。

当转子不动时，$n=0$，$s=1$，则$f_2=f_1$。

当转子在额定负载时，$s=1\%\sim6\%$，则$f_2=0.5\sim3.0\text{Hz}$（$f_1=50\text{Hz}$）。

2.转子绕组感应电动势E_2的大小

$$E_2 = 4.44K_2 f_2 N_2 \Phi_m = 4.44K_2 sf_1 N_2 \Phi_m \tag{4-8}$$

当转子不动时，即$n=0$，$s=1$时，转子电动势为

$$E_{20} = 4.44K_2 f_1 N_2 \Phi_m \tag{4-9}$$

此时，转子的感应电动势最大。

当转子转动时，$E_2=sE_{20}$

可见，转子电动势E_2与转差率s有关。

3.转子的感抗和阻抗　转子电路的感抗与转子频率f_2有关，感抗为

$$X_2 = 2\pi f_2 L_2 = 2\pi sf_1 L_2 \tag{4-10}$$

当转子不动时，$s=1$，则$X_{20}=2\pi f_1 L_2$，在此时感抗最大。在正常运行时，感抗为

$$X_2 = sX_{20} \tag{4-11}$$

所以转子的阻抗为

$$Z_2 = \sqrt{R_2^2 + X_2^2} = \sqrt{R_2^2 + (sX_{20})^2} \tag{4-12}$$

由以上分析可见，转子的感抗与阻抗都与s有关。

转子每相绕组的电流I_2为

$$I_2 = \frac{E_2}{Z_2} = \frac{sE_{20}}{\sqrt{R_2^2 + (sX_{20})^2}} \tag{4-13}$$

转子电路的功率因数$\cos\varphi_2$为

$$\cos\varphi_2 = \frac{R_2}{Z_2} = \frac{R_2}{\sqrt{R_2^2 + (sX_{20})^2}} \tag{4-14}$$

可见，转子的电流和功率因数也与s有关。

由上述分析可知，转子电路的各个物理量，如电动势、电流、频率、感抗及功率因数等都与转差率s有关，即与转子的转速n有关。

（三）电磁转矩

电动机稳定运行时，电磁转矩T和负载转矩T_L必须平衡。即

$$T = T_L \tag{4-15}$$

而负载转矩T_L为机械负载转矩T_2和空载转矩T_0之和，即

$$T_L = T_2 + T_0 \tag{4-16}$$

而空载转矩很小，所以

$$T \approx T_2 \tag{4-17}$$

输出机械功率P_2与T_2之间的关系为

$$T_2 = \frac{P_2}{\Omega} = \frac{P_2}{\frac{2\pi n}{60}} = 9550\frac{P_2}{n} \tag{4-18}$$

式中，Ω为机械角速度。

从电学角度讲，电磁转矩的大小与旋转磁场的磁通量Φ_m及转子电流I_2有关，三相异步电动机的转子不仅有电阻R_2，而且还有感抗x_2存在，所以转子电流和感应电动势E_2之间存在着相位差φ_2，于是转子电流可分解为有功分量$I_2\cos\varphi_2$和无功分量$I_2\sin\varphi_2$两部分。因为电磁转矩是衡量电动机做功能力的一个物理量，因此只有转子电流的有功分量$I_2\cos\varphi_2$才能与旋转磁场作用产生电磁转矩。故三相异步电动机的电磁转矩也可以表示为

$$T = G_T\Phi_m I_2\cos\varphi_2 \tag{4-19}$$

由上分析可知，电磁转矩除与Φ_m成正比外，还与$I_2\cos\varphi_2$有关。

由上述关系式可知

$$\Phi_m = \frac{E_1}{4.44\mathrm{K}_1 f_1 N_1} \approx \frac{U_1}{4.44\mathrm{K}_1 f_1 N_1} \propto U_1 \tag{4-20}$$

$$I_2 = \frac{sE_{20}}{\sqrt{R_2^2 + (sX_{20})^2}} = \frac{s(4.44f_1N_2\Phi_m)}{\sqrt{R_2^2 + (sX_{20})^2}} \tag{4-21}$$

$$\cos\varphi_2 = \frac{R_2}{\sqrt{R_2^2 + (sX_{20})^2}} \tag{4-22}$$

由此可得

$$T = \mathrm{K}\frac{sR_2U_1^2}{R_2^2 + (sX_{20})^2} \tag{4-23}$$

式中，K是一个常数。

由以上各式可以看出，电磁转矩T与定子每相电压U_1的平方成正比，故电源电压的波动对电磁转矩影响较大。此外，电磁转矩还受转子感抗X_{20}和电阻R_2的影响。

(四)机械特性

当电源电压U_1、电抗X_{20}和电阻R_2为定值时，电磁转矩T仅随转差率s而变化，即$T=f(s)$。在机械特性曲线中，有三个特殊的转矩、两个特殊的区域，如图4-9所示。

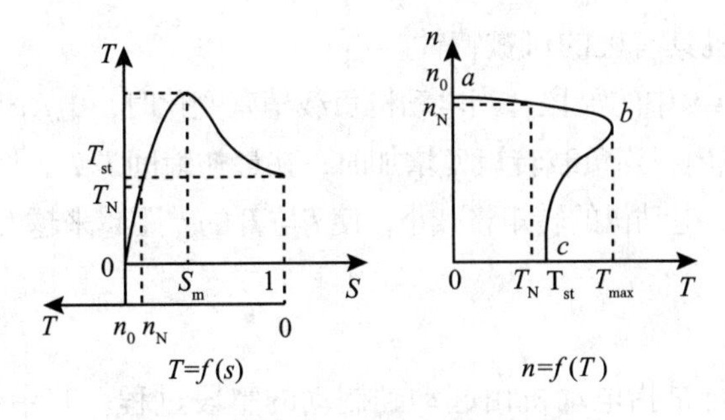

图4-9　机械特性曲线

1.三个特殊转矩

（1）额定转矩T_N　是电动机在额定负载时的负载转矩。此时对应的转差率为额定转差率s_N，电动机的转速为额定转速n_N。当三相异步电动机的负载转矩为额定转矩，即$T_2=T_N$时，得

$$T_N = 9550\frac{P_N}{n_N} \quad (4\text{–}24)$$

例如电动机（Y132M–4型）的额定功率为7.5kW，额定转速为1440r/min，则额定转矩为

$$T_N = 9550\frac{P_N}{n_N} = 9550 \times \frac{7.5}{1440}\text{N} \cdot \text{m} = 49.7\text{N} \cdot \text{m}$$

（2）最大转矩T_{max}　$T=f(s)$曲线上的转矩有一个最大值，称为最大转矩。

由式（4–23）对s求导，且令$\frac{dT}{ds}=0$，得

$$s_m = \frac{R_2}{X_{20}} \quad (4\text{–}25)$$

$$T_{max} = \text{K}u_1^2\frac{1}{2X_0} \quad (4\text{–}26)$$

三相异步电动机的额定转矩T_N不能太接近最大转矩T_{max}，否则由于电网电压U_1的降低而有可能使电动机的最大转矩T_{max}小于电动机轴上所带的负载转矩，从而使电动机停转。因此，一般T_N要比T_{max}小得很多，它们的比值称为过载系数λ，即

$$\lambda = \frac{T_{max}}{T_N} \quad (4\text{–}27)$$

一般的电动机λ数值为1.8~2.5，特殊用途电动机λ值可达3.3~3.4。

（3）起动转矩T_{st}　电动机刚起动（n=1，s=1）时的转矩称为起动转矩。将s=1代入公式4–23，得

$$T_{st} = \text{K}\frac{R_2U_1^2}{R_2^2 + x_{20}^2} \quad (4\text{–}28)$$

为使电动机能转动起来，起动转矩T_{st}必须大于额定转矩T_N。衡量起动转矩的大小，通常用它对额定转矩的比值T_{st}/T_N来表示，称为起动能力，用λ_S表示。三相异步电动机的起动能力一般为1.1~1.8。

2.两个区域

（1）稳定区　在图4–9中的ab段，电动机的负载转矩稍有变化时，电动机能够自动调节平衡，这一段称为稳定区。因为在这一区域内，当负载转矩T_L增大时，在最初瞬间由于$T<T_L$，所以它的转速会下降。由图4–9可知，将电动机的转矩增加，当电动机转矩$T=T_L$时，电动机在新的稳定状态下运行，这时转速较以前为低。同时电动机工作在这一段时，负载转矩变化时，电动机转

速变化很小，这也称电动机具有硬的机械特性。

（2）不稳定区　在图4-9中的bc段，当电动机负载稍有变化时，电动机自身不能调节平衡，称为不稳定区。因为在这一区域内，当负载转矩T_L增加时，在最初瞬间$T<T_L$，所以它的转速会下降。随着转速的下降，由图4-9可知，电动机的转矩将减小，使T与T_L的差距越来越大，最后使电动机停车。

三、使用

微课

三相异步电动机的运行是指电动机由起动到制动的整段过程。其中包括起动、调速和制动三个环节。

（一）起动

电动机的起动是指电动机从接入电网开始转动到正常运行的全过程。三相异步电动机起动时的主要问题是起动电流较大。为减小起动电流，同时要获得适当起动转矩，必须采用适当的起动方法。三相异步电动机的起动方法中常用的有两种，即直接起动和降压起动。

1.直接起动　即是将电动机定子绕组直接接到额定电压的电网上来起动电动机，又叫全压起动。这种起动方法的主要优点是简单、方便、经济和起动时间短；主要缺点是起动电流对电网影响较大，影响其他负载的正常工作。某台电动机能否正常起动，由电网的容量（变压器的容量）、起动次数、电网允许干扰的程度及电动机的型式等许多因素决定。通常认为满足下面条件之一者可直接起动。

（1）容量在7.5kW以下的三相异步电动机可直接起动。

（2）电动机在起动瞬间造成的电网电压降不大于电网电压正常值的10%，对于不经常起动的电动机可放宽到15%。

（3）也可以用下面经验公式来粗估电动机是否可直接起动。

$$\frac{I_{st}}{I_N} \leqslant \frac{3}{4} + \text{变压器容量（千伏安）}/4\times\text{电动机功率（千瓦）}$$

若电动机起动电流倍数（I_{st}/I_N）满足上式即可直接起动。

2.降压起动　就是将电源电压通过一定的电气专用设备，使电源电压降低后再通入电动机绕组中，以减小电动机起动电流的起动方法。笼式三相异步电动机的降压起动常用星/三角起动（Y-Δ换接起动）。如果电动机在工作时其定子绕组是连接成三角形的，那么在起动时，可把它连接成星形，等到转速接近额定值时再换接成三角形，如图4-10所示。

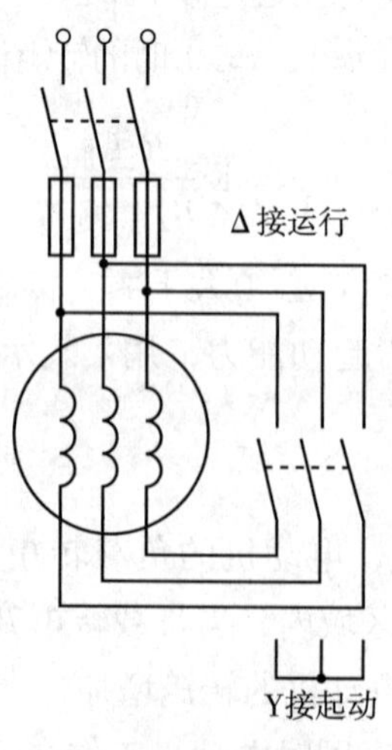

图4-10　三相异步电动机的Y-Δ换接起动

设电源的线电压为U_1，电动机定子每相绕组的阻抗为Z。当电动机定子绕组接成星形起动时，每相绕组所加的电压为$\frac{U_1}{\sqrt{3}}$，起动电流为

$$I_{1Y}=I_{pY}=\frac{U_1/\sqrt{3}}{|Z|}=\frac{U_1}{\sqrt{3}\,|Z|} \tag{4-29}$$

如果电动机定子绕组接成三角形起动，则每相绕组的电压为U_1，此时起动电流为

$$I_{1\Delta}=\sqrt{3}I_{p\Delta}=\sqrt{3}\frac{U_1}{|Z|}=\frac{\sqrt{3}U_1}{|Z|} \tag{4-30}$$

两种连接方法的起动电流的比值为

$$\frac{I_{1Y}}{I_{1\Delta}}=\frac{1}{3} \tag{4-31}$$

即采用此降压法时，起动电流是工作电流的1/3。

动转矩正比于电压的平方值，所以起动转矩为$T_{stY}=\mathrm{K}\left(\frac{U_1}{\sqrt{3}}\right)^2=\frac{1}{3}\mathrm{K}U_1^{\ 2}=\frac{1}{3}T_{st\Delta}$

降压起动适用范围：正常运行时定子绕组是三角形连接，且每相绕组都有两个引出端子的电动机。优点是起动电流为全压起动时的1/3，缺点是起动转矩为全压起动时的1/3。

（二）调速

调速就是用人为的方法改变三相异步电动机的转速。由三相异步电动机转差率公式可得三相异步电动机转速为

$$n=(1-s)n_0=(1-s)\frac{60f_1}{p} \tag{4-32}$$

由上式可看出，要想改变三相异步电动机的转速有三种方法：改变电源的频率f_1；改变定子绕组的磁极对数；改变转差率。

1.变频调速　我国电力网的交流电源的频率为50Hz，因此要用改变电源频率f_1的方法调速，就需要专门的变频装置，最常用的变频设备为变频器。变频器主要由晶闸管整流器和晶闸管逆变器组成，整流器先将频率为50Hz的交流电变换成直流电，再由逆变器变换成频率可调、电压可调的三相交流电，供给三相异步电动机调速之用。这种调速方法的调速范围较大，平滑性好，可达到无级调速，并且机械特性较硬，但是需要专门的变频设备，价格较高。

2.变转差率调速　适用于绕线式三相异步电动机。转子电路外串电阻后，转子电流I_2以及电磁转矩T相都相应减小。此时$T<T_L$（负载转矩），电动机减速。转差率由s增加到s'，转子中的感应电动势由sE_{20}增加到$s'E_{20}$，于是转子电流I_2与电磁转矩T又增加，直到$T=T_L$，电动机在一个新的转差率s'下达到平衡。

转子电路串接电阻时，调速消耗电能较多，不经济，且机械特性软。

3.变极调速　在设计三相异步电动机时，必须做到转子绕组的极对数和定子绕组的极对数一致。而三相鼠笼异步电动机转子的极对数能自动随定子绕组的极对数的改变而改变，具有很好的跟随性，所以笼形三相异步电动机可做成多速电动机。

由式$n_0=\frac{60f_1}{p}$可知，如果极对数p减少一半，则旋转磁场的转速n_0将提高一倍，转子的转速也差不多提高一倍。因此改变p可以得到不同的转速。

（三）反转与制动

1.反转 因为三相异步电动机的转动方向是由旋转磁场的方向决定的，而旋转磁场的转向取决于定子绕组中通入三相电流的相序。因此，要改变三相异步电动机的转动方向非常容易，只要将电动机三相供电电源中的任意两相对调，这时接到电动机定子绕组的电流相序被改变，旋转磁场的方向也被改变，电动机就实现了反转。

2.制动 三相异步电动机的定子绕组在脱离电源后，由于机械惯性作用，需要较长时间才能停止下来。而实际生产中，生产机械往往要求电动机快速、准确地停车，因此需采用一定的制动方法。通常的制动方法有机械制动和电气制动两种。所谓的电气制动，就是使三相异步电动机所产生的电磁转矩与转子的转动方向相反，使电动机尽快停车。它所产生的电磁转矩成为制动转矩。三相异步电动机制动通常用以下几种方法。

（1）能耗制动 当三相异步电动机脱离三相电源时，在两相定子绕组上接入一个直流电源。直流电源在定子绕组中产生一个固定磁场，转子由于惯性作用继续沿原来方向转动，这时转子绕组中产生感应电动势，并产生感应电流。转子的感应电流在静止磁场中受安培力作用，从而产生与转动方向相反的转矩，即制动转矩，使电动机减速而很快停车。因为这种方法制动是将动能转变为电能，并消耗在转子回路电阻上，故称为能耗制动。能耗制动的优点是制动力较强，制动较平稳，对电网的影响较小，但需要直流电源（图4-11）。

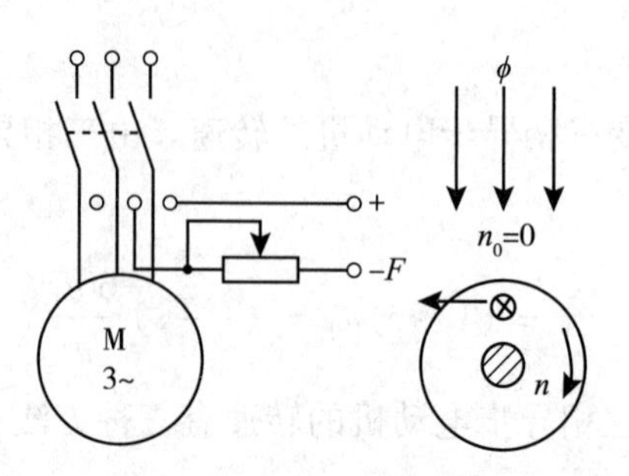

图4-11 能耗制动

（2）反接制动 电动机停车时将三相电源中的任意两相对调，使电动机产生的旋转磁场改变方向，电磁转矩方向也随之改变，成为制动转矩（图4-12）。注意，当电动机转速接近为零时，要及时断开电源防止电动机反转。

反接制动的特点是简单，制动效果好，但由于反接时旋转磁场与转子间的相对运动加快，因而电流较大。对于功率较大的电动机制动时必须在定子电路（笼式）或转子电路（绕线式）中接入电阻，用以限制电流。

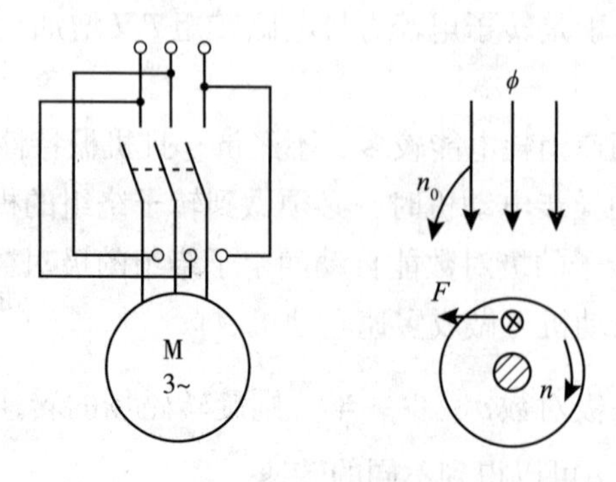

图4-12 反接制动

（四）电动机的选择

选择三相异步电动机应该从实用、经济与安全的原则出发，正确地选择其类型、功率、电压和转速，其中电动机的功率选择最为重要。

1.类型的选择　通常生产提供的是三相交流电源，如果对调速性能无特殊要求的情况下，一般选用三相异步电动机。在三相异步电动机中，笼型电动机结构简单，价格便宜，工作可靠，维修方便，但其起动转矩小。因此在一般的生产机械中尽量选择笼型三相异步电动机。在要求起动转矩较高的场合下适用绕线转子型三相异步电动机。

从电动机的结构形式上讲，电动机的种类很多，它的工作环境也不相同。如果在干燥无尘且通风良好的场所适用开启式电动机；如果在清洁干燥的环境中也可适用防护式电动机；在尘土多，潮湿或含有酸性气体的场所多选用封闭式电动机；在有易燃、易爆气体的场所选用防爆式电动机。

2.功率的选择　电动机功率大小是生产机械决定的。功率选得过小，就不能保证电动机可靠的运行，甚至严重过载而烧毁；如果功率选得过大，设备费用增加，且电动机经常在欠载下工作，其效率和功率因数较低，也不经济，因此要选择合适的功率。

（1）长期运行电动机功率选择　对于长期连续运行的电动机，先算出生产机械的功率，所选电动机的额定功率等于或稍大于生产机械功率即可。

如某生产机械的功率为P_1，电动机的功率为

$$P=\frac{P_1}{\eta} \tag{4-33}$$

式中，η为传动机构的效率。

然后对应产品手册选择一台合适的电动机，其额定功率$P_N \geqslant P$。

（2）短时运行电动机功率的选择　短时运行是指电动机的温升在工作期间未达到稳定值，当停止运转时，电动机完全冷却到周围环境的温度。

在选择电动机时，如果没有合适的专为短时运行设计的电动机，可选长期运行的电动机。此时，电动机允许过载，过载系数为λ，工作时间越短，则过载可以越大，但过载量不能无限增大。电动机功率选择为$P \geqslant P_1/\lambda$（λ为过载系数）。

3.电压和转速的选择　三相异步电动机电压的选择要与供电电压一致，一般中、小型交流电动机的额定电压为380V，只有大型电动机（功率大于100kW），可根据条件和技术选用3kV、6kV高压电动机。额定功率相同的电动机，转速越高，极对数越少，体积也越小，价格也越便宜，但是电动机是用来拖动生产机械的，而生产机械的转速一般是由生产工艺的要求所确定的。因此选择时应使电动机的转速尽可能接近生产机械的转速。

通常生产机械的转速不低于500r/min，因此，在一般情况下都选用四极三相异步电动机，即选用同步转速n_0=1440r/min的电机。

合理选择电动机关系到生产机械的安全运行和投资效益。可根据生产机械所需功率选择电动机的容量，根据工作环境选择电动机的结构形式，根据生产机械对调速、起动要求选择电动机的类型，根据生产机械的转速选择电动机的转速。

电动机的绝缘如果损坏，运行中机壳就会带电。一旦机壳带电而电动机又没有良好的接地装置，当操作人员接触到机壳时，就会发生触电事故。因此，电动机的安装、使用一定要有接地保护。在电源中性点直接接地系统，采用保护接中性线。在电源中性点不接地系统，应采用保护接地。

（五）铭牌及接线方法

1.铭牌

（1）型号　如图4-13所示。

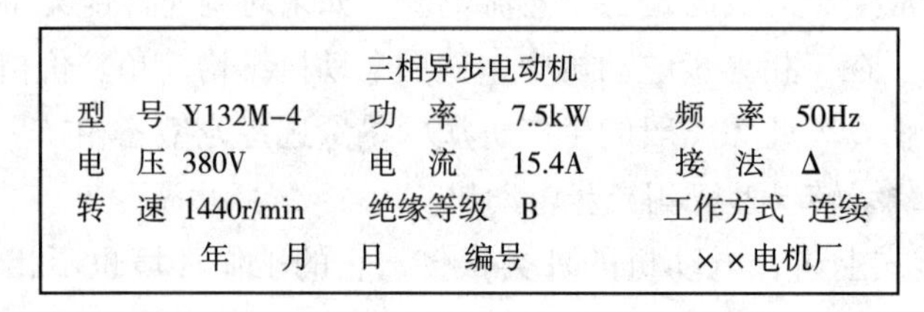

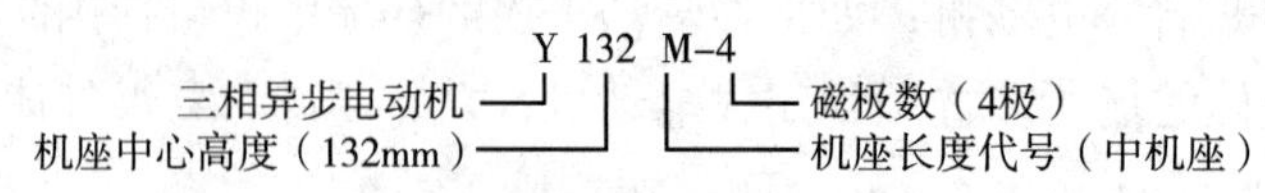

图4-13　铭牌示意图

（2）功率　电动机在铭牌规定条件下正常工作时转轴上输出的机械功率，称为额定功率或量。

（3）电压　电动机的额定线电压。

（4）电流　电动机在额定状态下运行时的线电流。

（5）频率　电动机所接交流电源的频率。

（6）转速　额定转速。

2.接线方法　是指定子三相绕组的连接方法。一般鼠笼式电动机接线盒中有六根引线，即U_1、V_1、W_1、U_2、V_2、W_2。其中，U_1、U_2是第一相绕组的首端末端；V_1、V_2是第二相绕组的首端末端；W_1、W_2是第三相绕组的首端末端。这六个出线端在连接电源之前必须正确连接。连接方式有星形（Y）连接法、三角形连接法（△），如图4-14所示。

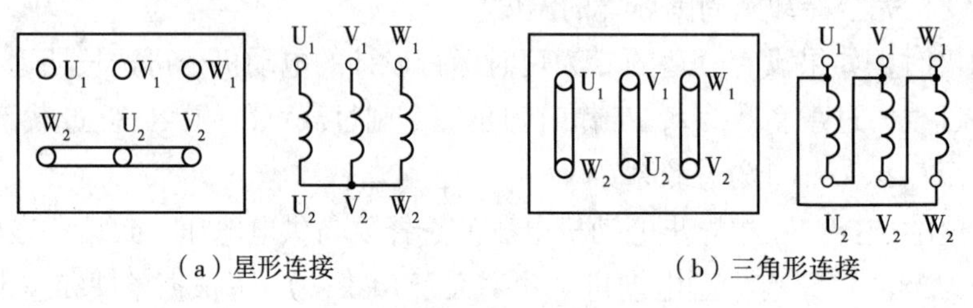

图4-14　接线方法

【例4-2】某三相异步电动机，铭牌数据如下：Δ形连接法，P_N=10kW，U_N=380V，I_N=19.9A，n_N=1450r/min，λ_N=0.87，f=50Hz。求：①电动机的磁极对数及旋转磁场转速n_0；②电源线电压是380V的情况下，能否采用Y-Δ方法起动；③额定负载运行时的效率η_N；④已知T_{st}/T_N=1.8，直接起动时的起动转矩。

解：

（1）已知n_N =1450r/min，则n_0=1500r/min

$$p = \frac{60f}{n_0} = 2\text{（对）}$$

（2）电源线电压为380V时可以采用Y-Δ方法起动。

医药大学堂 WWW.YIYAODXT.COM

（3）$\eta_N = \frac{P_N}{\sqrt{3} U_N I_N \lambda_N} = 0.88$

（4）$T_{st} = 1.8T_N = 1.8 \times 9550 \frac{P_N}{n_N} = 118.6\text{N} \cdot \text{m}$

PPT

第三节　单相异步电动机

由单相交流电源供电的异步电动机，称之为单相异步电动机。单相异步电动机的功率小，主要制成小型电机。它的应用非常广泛，如家用电器（洗衣机、电冰箱、电风扇）、电动工具（如手电钻）、医用器械、自动化仪表等。

单相异步电动机的转子多半是笼型的。定子铁心也是采用硅钢片冲压而成，定子绕组分布在定子铁心槽内的称为隐极式，集中放在铁心上的称为凸极式。

从单相异步电动机的电磁转矩的分析可知，它的起动转矩为零。要想在合上电源时，能够自行起动，必须设法产生一个旋转磁场，解决起动转矩为零的问题。单相电动机起动方法与电动机的类型有关。

一、电容分相电动机

为了产生一个旋转磁场，在单相异步电动机的定子上绕制了两个在空间相差90°的绕组。一个是主绕组AX（又称工作绕组），匝数多。另一个是辅助绕组BY（又称起动绕组），匝数少，与一个大小适当的电容C串联，如图4-15电容分相电动机原理所示。

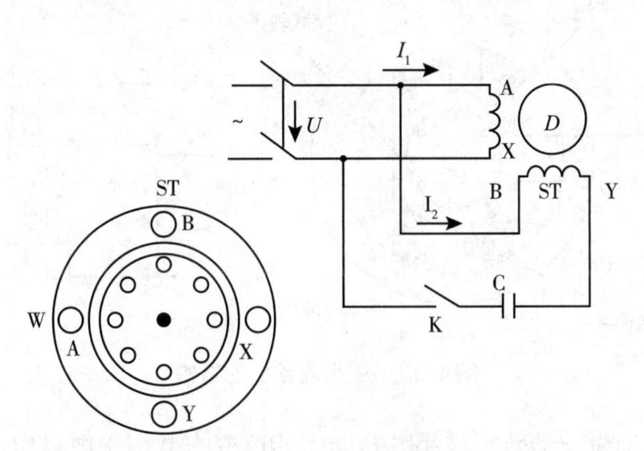

W：主绕组（工作绕组）　ST：启动绕组　K：离心开关

图4-15　电容分相电动机原理图

两个绕组支路并联接于同一单相交流电源上，各支路分别流过一交流电流，但电流i_2较电压滞后，电流i_1比电压超前，两电流约有π/2的相位差，如图4-16所示，此时电动机的定子电流就可产生一个旋转磁场，使电动机转动。

单相异步电动机在起动之前，必须使辅助绕组支路接通，否则电动机不能起动。但在起动后，即使把辅助绕组支路断开，电动机仍可继续转动，也就是说，电动机在起动以后，辅助绕组支路可合也可断。起动时开关K闭合，使两绕组电流相位差约为90°，从而产生旋转磁场，电机转起来；转动正常以后离心开关被甩开，起动绕组被切断，而电机仍按原方向继续转动。

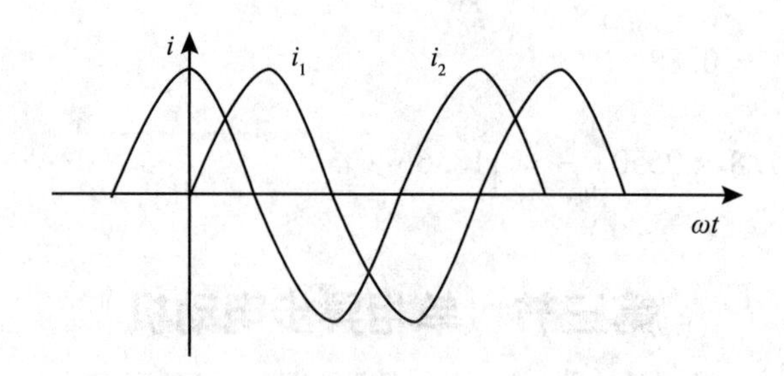

图4–16　电容分相式电动机主辅绕组电流

二、罩极式单相异步电动机

罩极电动机的定子制成凸极式磁极，定子绕组套装在这个磁极上，并在每个磁极表面开有一个凹槽，将磁极分成大小两部分，在较小的一部分上套着一个短路铜环。当定子绕组通入交流电流而产生脉动磁场时，由于短路环中感应电流的作用，使通过磁极的磁通分成两个部分，这两部分磁通数量上不相等，在相位上也不同，通过短路环的这一部分磁通滞后于另一部分磁通。这两个磁通在空间上亦相差一个角度，相互合成以后也会产生一个旋转磁场。笼型转子在这个旋转磁场的作用下就产生电磁转矩而旋转。

如图4–17，当电流i流过定子绕组时，产生了一部分磁通Φ_1，同时产生的另一部分磁通与短路环作用生成了磁通Φ_2。由于短路环中感应电流的阻碍作用，使得Φ_2在相位上滞后Φ_1，从而在电动机定子极掌上形成一个向短路环方向移动的磁场，使转子获得所需的起动转矩。

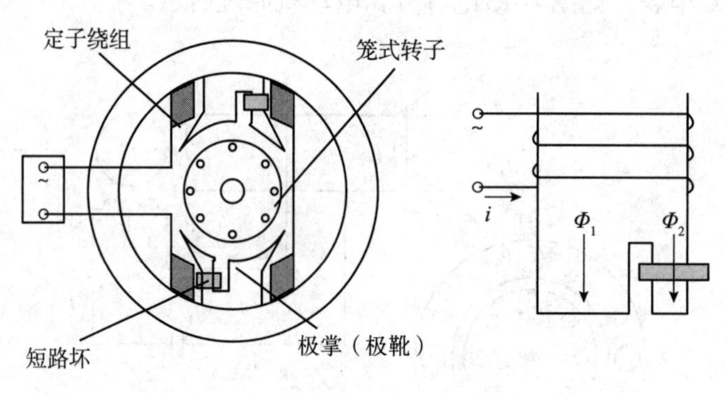

图4–17　罩极电动机的结构

罩极式单相异步电动机起动转矩较小，转向不能改变，常用于电风扇、吹风机中；电容分相式单相异步电动机的起动转矩大，转向可改变，故常用于洗衣机等电器中。

PPT

第四节　直流电动机

由直流电源供电的电动机称为直流电动机。直流电动机与交流电动机相比，结构复杂，维护不便，但是调速性能较好，起动转矩较大，因此在调速要求较高（如镗床、轧刚机等）及需要较大起动转矩（如起重机械、电力牵引设备等）的生产器械中往往采用直流电机来驱动。

一、结构

直流电机的结构由定子和转子两大部分组成。直流电机运行时静止不动的部分称为定子，定

子的主要作用是产生磁场。运行时转动的部分称为转子，其主要作用是产生电磁转矩和感应电动势，是直流电机进行能量转换的枢组，所以通常又称为电枢。

（一）定子

定子主要由主磁极、换向磁极、机座、端盖、轴承和电刷装置等部分构成。

1. 主磁极　由主磁极铁心和励磁绕组组成。励磁绕组通以励磁电流产生主磁场，它的铁芯一般用薄硅钢片冲制而成，分为极身和极靴两部分，上面套励磁绕组的部分称为极身，下面扩宽的部分称为极靴，极靴宽于极身，既可以调整气隙中磁场的分布，又便于固定励磁绕组。励磁绕组用绝缘铜线绕制而成，套在主磁极铁心上。整个主磁极用螺钉固定在机座上，如图4-18所示。

2. 换向磁极　由换向磁极铁心和绕组构成，位于两主磁极之间，是比较小的磁极（图4-19）。换向极绕组用绝缘导线绕制而成，套在换向极铁心上，换向极的数目与主磁极相等。换向磁极的作用是产生附加磁场，以改善电动机的换向条件，减小电刷与换向片表面的接触火花。

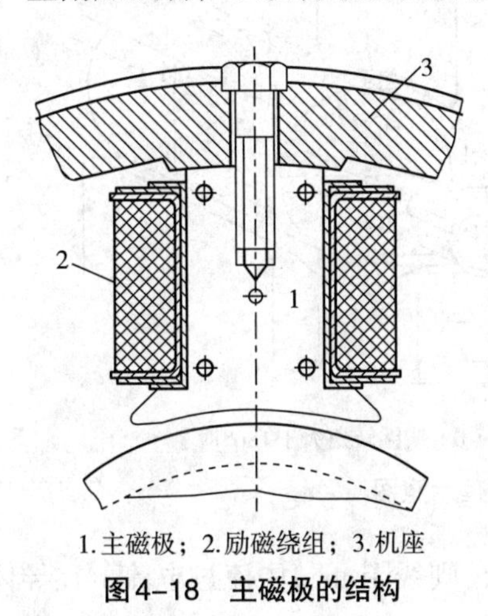

1. 主磁极；2. 励磁绕组；3. 机座

图4-18　主磁极的结构

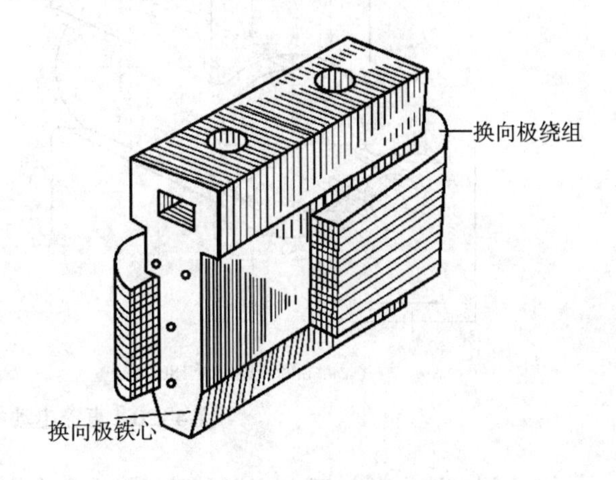

图4-19　换向极

3. 机座　是电动机的支撑部件，用以固定主磁极、换向磁极和端盖。它也是主磁路的一部分，用导磁性能较好的铸钢制成。

4. 电刷装置　是用来引入或引出直流电压和直流电流的。电刷装置由电刷、刷握、刷杆和刷杆座等组成。电刷放在刷握内，用弹簧压紧，使电刷与换向器之间有良好的滑动接触，刷握固定在刷杆上，刷杆装在圆环形的刷杆座上，相互之间必须绝缘。刷杆座装在端盖或轴承内盖上，圆周位置可以调整，调好以后加以固定。

（二）转子（电枢）

转子主要由电枢铁心、电枢绕组、换向器、转轴和风扇等部件构成。

1. 电枢铁心　是主磁路的主要部分，同时用以嵌放电枢绕组。一般电枢铁心采用由0.5mm厚的硅钢片冲制而成的冲片叠压而成，以降低电机运行时电枢铁心中产生的涡流损耗和磁滞损耗。叠成的铁心固定在转轴或转子支架上。铁心的外圆开有电枢槽，槽内嵌放电枢绕组。

2. 电枢绕组　作用是产生电磁转矩和感应电动势，是直流电机进行能量变换的关键部件，所以叫电枢。电枢绕组由许多线圈组成，按一定的规律嵌放在电枢铁心的槽内并与换向器相连，通以电流，在主磁场作用下产生电磁转矩。它与电枢铁心一起被称作电机的电枢。

3. 换向器　是由许多换向片组成的圆柱体，换向片之间用云母片绝缘，换向片的下部做成鸽尾形，两端用钢制V形套筒和V形云母环固定，再用螺母锁紧。在直流电动机中，换向器配以电刷，能将外加直流电源转换为电枢线圈中的交变电流，使电磁转矩的方向恒定不变。在直流发电

医药大学堂
WWW.YIYAODXT.COM

机中，换向器配以电刷，能将电枢线圈中感应产生的交变电动势转换为正、负电刷上引出的直流电动势。

4.转轴 起转子旋转的支撑作用，需有一定的机械强度和刚度，一般用圆钢加工而成。

二、工作原理

图4-20是一台直流电动机的最简单模型。N和S是一对固定的磁极，可以是电磁铁，也可以是永久磁铁。磁极之间有一个可以转动的铁质圆柱体，称为电枢铁心。铁心表面固定一个用绝缘导体构成的电枢线圈abcd，线圈的两端分别接到相互绝缘的两个半圆形铜片（换向片）上，它们组合在一起称为换向器，在每个半圆铜片上又分别放置一个固定不动而与之滑动接触的电刷A和B，线圈abcd通过换向器和电刷接通外电路。

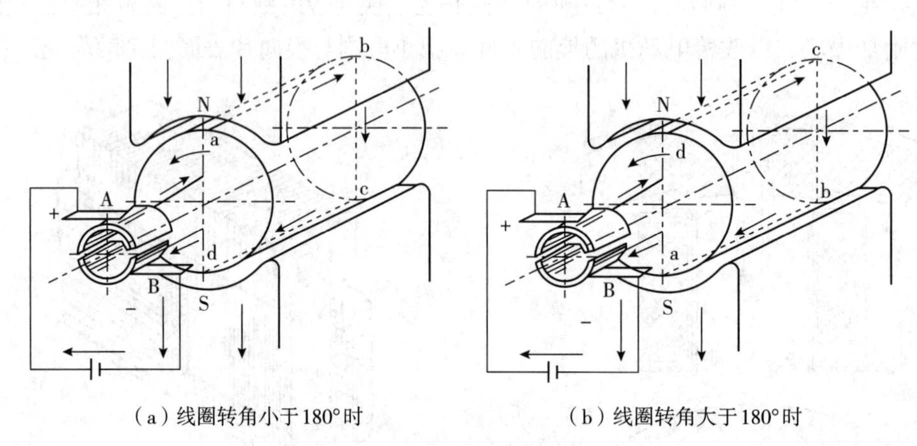

（a）线圈转角小于180°时　　（b）线圈转角大于180°时

图4-20 直流电动机工作原理示意图

将外部直流电源加于电刷A（正极）和B（负极）上，则线圈abcd中流过电流，在导体ab中，电流由a指向b，在导体cd中，电流由c指向d。导体ab和cd分别处于N、S极磁场中，受到电磁力的作用。用左手定则可知导体ab和cd均受到电磁力的作用，且形成的转矩方向一致，这个转矩称为电磁转矩，为逆时针方向。这样，电枢就顺着逆时针方向旋转，如图4-20（a）所示。当电枢旋转180°，导体cd转到N极下，ab转到S极下，如图4-20（b）所示，由于电流仍从电刷A流入，使cd中的电流变为由d流向c，而ab中的电流由b流向a，从电刷B流出，用左手定则判别可知，电磁转矩的方向仍是逆时针方同。

由此可见，加于直流电动机的直流电源，借助于换向器和电刷的作用，使直流电动机电枢线圈中流过的电流，方向是交变的，从而使电枢产生的电磁转矩的方向恒定不变，确保直流电动机朝确定的方向连续旋转。

直流电动机通以电流以后，转子线圈在磁场中受到安培力作用，因此产生电磁转矩，转子线圈转动后，在磁场中切割磁力线，因此也产生感应电动势。

直流电动机的电磁转矩是由电枢绕组通入直流电流后，在磁场中受到安培力的作用后产生的。根据安培力公式，每根导体所受的安培力$f=BIL$。对于给定的电动机，磁感应强度B与每个磁极的磁通Φ成正比，导体电流I与电枢电流I_a成正比，而导线在磁场中的有效长度L及转子半径等都是固定的，取决于电动机的结构，因此直流电动机的电磁转矩T的大小可表示为

$$T = \mathrm{K}_T \Phi I_a \tag{4-34}$$

可见，直流电动机电磁转矩T的大小与Φ和I_a成正比，电磁转矩的方向由Φ和I_a的方向决定。

当电枢通电转动后，电枢绕组的导体不断切割磁力线，因此在导体中又要产生感应电动势，

医药大学堂 WWW.YIYAODXT.COM

其大小为$E=BLV$，其方向由右手定则确定。该电动势的方向与电枢电流的方向相反，因而称为反电动势。对于给定的电动机，磁感应强度B与每极磁通Φ成正比，导体的运动速度V与电枢的转速n成正比，而导体的有效长度L和绕组匝数都是常数，因此直流电动机两电刷之间的感应电动势的大小可表示为

$$E_a = K_E \Phi n \tag{4-35}$$

可见，直流电动机在旋转时，电枢电动势E_a的大小与每极磁通Φ和电机转速n的乘积成正比，它的方向与电枢电流方向相反，在电路中起限制电流的作用。

三、励磁方式

励磁绕组的供电方式称为励磁方式。按励磁方式的不同，直流电动机可以分为以下4类。

1.他励直流电机　励磁绕组由其他直流电源供电，与电枢绕组之间没有电的联系，如图4-21（a）所示。

2.并励直流电机　励磁绕组与电枢绕组并联，如图4-21（b）所示。励磁电压等于电枢绕组端电压。

3.串励直流电机　励磁绕组与电枢绕组串联，如图4-21（c）所示。励磁电流等于电枢电流。

4.复励直流电机　每个主磁极上套有两套励磁磁绕组，一个与电枢绕组并联，称为并励绕组；一个与电枢绕组串联，称为串励绕组，如图4-21（d）所示。两个绕组产生的磁动势方向相同时称为积复励，两个磁势方向相反时称为差复励，通常采用积复励方式。

直流电机的励磁方式不同，运行特性和适用场合也不同。

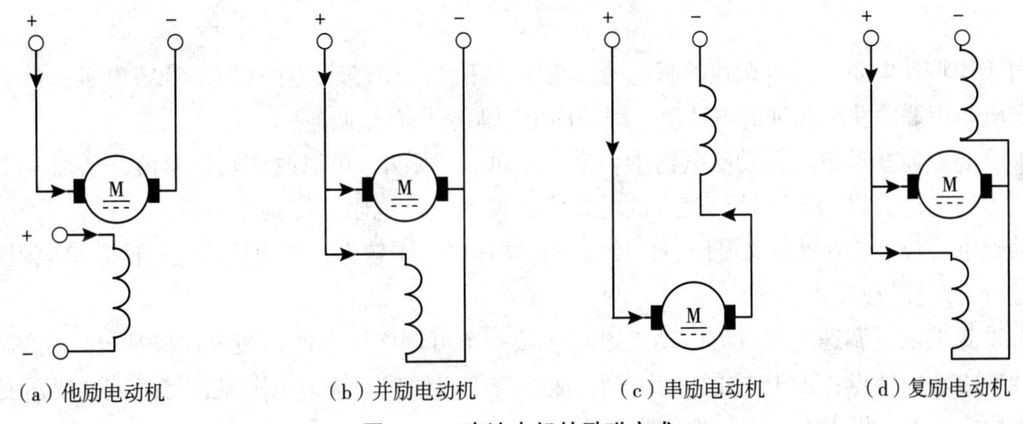

（a）他励电动机　（b）并励电动机　（c）串励电动机　（d）复励电动机

图4-21　直流电机的励磁方式

四、起动、调速

（一）起动

直流电动机的起动是转子由静止加速到转速达到额定值的过程。在起动的瞬间，由于转子转速n=0，故反电动势T_a=$K_E\Phi n$=0，此时起动电流

$$I_{st} = \frac{U_N}{R_a} \tag{4-36}$$

I_{st}很大，可达到额定电流的10~25倍，这样大的供电电流，不仅对供电电源是一个很大的冲击，而且还会损坏电动机本身，所以直流电动机是不允许直接起动的。

由I_{st}可知，降低起动电流的方法有两种，一是增大电枢电路的电阻R_a，二是降低电枢端电压U。

降低电枢电压起动，需要有一个可调压的直流电源专供电枢电路使用，随着转速的升高，使电源电压逐渐升到额定值。这种方法只使用于他励直流电动机。

对于其他励磁方式的电动机，一般采用电枢电路串电阻的方法起动，随着转速升高将起动电阻逐渐减少到零。必须注意，直流电动机起动时，励磁电路必须可靠连接，不允许开路。否则，励磁电路中电流为零，即$\Phi \approx 0$，则起动转矩$T=K_T\Phi I_a \approx 0$，它将不能起动。这时$E_a \approx 0$，电枢电流很大，电枢绕组很容易烧毁。

（二）调速

电动机的调速，就是在同一负载下获得不同的速度。

电动机的机械特性方程为

$$n = \frac{U}{K_E\Phi} - \frac{R_a}{K_E K_T \Phi^2}T \tag{4-37}$$

由式（4-37）可以看出，当电动机的电磁转矩T不变时，影响电动机转速的是电枢回路电阻R_a、主磁通Φ、电源的电压U三个因素，因此改变其中任何一个均可以改变直流电动机的速度。

1.电枢电路串电阻调速 由于成品电动机的电枢电阻R_a是一定的，但是可以在电枢回路中串联一个可变电阻R_s。此时电枢回路总电阻为R_a+R_s，机械特性方程为

$$\begin{aligned} n &= \frac{U}{K_E\Phi} - \frac{R_a + R_s}{K_E K_T \Phi^2}T \\ &= n_0 - \beta' T \end{aligned} \tag{4-38}$$

由于串调速电阻，所以调速电阻能量损失大，不经济；容易产生火花，烧毁电机。常采用几个固定电阻串联，获得几种所需转速，因此串电阻调速是有级调速。

2.改变磁通量调速 在励磁电路中，串一个可调电阻R，可以改变励磁电流，从而改变磁通量Φ，达到调速的目的。这种调速方法的特点：使用滑动电阻，使调速平滑，可达到无级调速；由于励磁电流较小，在R上的损耗小，较经济；调速的范围较大；调速后较电枢回路串电阻较硬，电机运行稳定性较好。

3.改变端电压调速 在直流电动机电路连接一个可调电压电源，使电动机端电压连续可调。这种调速方法的特点：由于电压连续可调，故实现无级调速；调速范围宽，且机械硬度不变，因而转速稳定；设备投资大，运行维护较麻烦。

五、反转与制动

（一）反转

直流电动机的反转，就是改变电枢的转动方向。在实际中，由于生产过程的需要，常要求电动机能够反转，如工作台往复运动等。由电动机的转动原理可知，他励直流电动机的主磁通方向和电枢电流方向中任意一个改变，电枢受的安培力方向即改变，即电磁转矩的方向改变。所以电动机的反转有以下两种方法。

（1）保持励磁绕组电流方向不变，使电枢电流反向。

（2）保持电枢电流方向不变，使励磁电流反向。不过，由于励磁绕组存在很大的电感，在换接时会产生极高的感应电动势，造成不良后果，所以通常使用的方法是使电枢电流反向。

（二）制动

与交流电动机一样，直流电动机的电气制动也有能耗制动、反接制动和回馈制动三种方法。

1.能耗制动 他励直流电动机的能耗制动电路制动时，通过开关S使电动机与电源切断，然后与一制动电阻R_p相连接，但励磁绕组电源保留。这时，由于转动部分的惯性，电枢继续沿原方向转动，导体切割磁力线产生的感应电动势方向不变，但原来是阻碍电流I_a的反电动势，却变为在电枢绕组和制动电阻R_p中产生电流I'_a的电源电动势。I'_a与I_a方向相反，电枢绕组中流过电流I'_a在原磁场中产生与转动方向相反的电磁转矩，所以电动机很快停车。感应电动势E_a随着转速n的减速小而减小，I'_a和制动转矩也减小，随着电动机停车，E_a和I_a都变为零，制动转矩也就消失了。

在此过程中，转动部分的动能转变为电能，在电阻R_p上消耗掉，故称这种制动方法为能耗制动。能耗制动线路简单、制动可靠平衡、经济，故常被采用。

2.反接制动 是把脱离电源的电枢绕组串电阻后反接到电源上进行制动的方法。电枢反接后，电枢电流反向，电磁转矩随之反向，电磁转矩成为制动转矩，使电动机迅速停车。当电动机转速接近零时应及时切断电源，否则电动机会反转。

由于反接制动时电枢电压与反电动势E_a的方向相同，因此电枢电流I_a很大。为限制电流，必须串接较大的制动电阻R_p，以保证电枢电流不超过额定电流的1.5~2.5倍。

3.回馈制动 在电动机运行过程中，由于客观原因，使实际转速高于理想空载转速，如电车下坡、起重机下放重物等情况，位能转换来的动能使得电动机加速而处于发电状态，此时电磁转矩成为制动转矩，对电动机起制动作用。

实训五 三相交流异步电动机的拆装与维护

【实训目的】

1.加深对三相异步电动机外观、铭牌和接线方式的认识。

2.掌握三相异步电动机的主要组成部分和简单拆装方法；三相异步电动机日常维护规程和具体操作过程。

【设备、工具及材料】

1.设备 4~7.5kW三相笼型异步电动机1台。

2.工具 电工钳、电工刀、一字螺丝刀、十字螺丝刀、锤子、木槌、扁铲各1把；三爪拉拔器1个、钢（铁）管（φ100mm）各1个；记号笔1只；绝缘电阻表、万用表各1块。

3.材料 已安装好的转换开关；螺旋熔断器、接触器、热继电器、按钮、端子排等；已接好的主电路控制板；RV~1.5mm^2、2.5mm^{2}四芯橡胶线各若干米；垫木1块；汽油、润滑脂、棉纱各若干；毛刷1把；油盘1个。

【实训步骤】

（一）训练准备

1.学生分组领取工具。

2.观察记录交流电动机的铭牌数据，从中归纳总结出电动机的主要技术数据，得出电动机型号的含义。

（二）拆装与维护

1.电动机的拆卸

（1）拆卸皮带轮或联轴器。拆时先在轴承端（或联轴端）做好尺寸标记，松脱皮带轮或联轴器上的定位螺钉或销子，再用专用工具慢慢拉下带轮或联轴器。

（2）拆卸风扇罩和风扇。松开夹紧螺栓，轻轻敲打拆下。

（3）拆卸电动机一端的轴承外盖和端盖。先在机座与端盖接缝处做好标记（以便安装复原时对准）。拆下轴承外盖，松开并拧下端盖的紧固螺钉，轻轻敲打端盖四周（垫上垫木），使其与机座脱离，以便取下。

（4）将另一端的端盖与机座做好标记，拆下端盖上的紧固螺栓，敲打端盖，使之与机座分离（垫上垫木），用手将端盖和转子从定子中抽出，抽出转子时要小心，不要擦伤定子绕组。

（5）将与转子相联的轴承盖紧固螺栓拆下，把轴承盖和端盖逐个从轴上拆除。

2.对定、转子进行清扫，用皮老虎或压缩空气吹净灰尘后，用毛刷清扫干净。

3.更换轴承时，工具使用及拆装方法要正确。用专用工具拆卸，对于轴承留在端盖内的情况，可把端盖口向上，平稳地架在两块铁板上，垫上一段直径小于轴径的金属管敲打，使轴承外圈受力，将轴承敲出；安装时要把标志的一面朝外。

4.轴承清洗干净，滑动灵活。

5.换油时，加入的新润滑脂一般以轴承室容积的1/3~1/2为宜。

6.电动机组装时，步骤、方法要正确，组装步骤与拆卸步骤顺序相反。

7.绝缘电阻表选用、检查、接线及测量绕组绝缘电阻方法正确。应选用500V绝缘电阻表，使用前应对表计进行检查，方法是在“L”和“E”端开路情况下，摇动手柄，使转速达120r/min，指针应指向“∞”，在“L”和“E”短路（相碰）情况下，轻摇手柄，若指针指“0”，说明完好。绝缘电阻表测量接线为：测定子绕组对地（外壳）绝缘电阻时，E端钮接外壳，L端接绕组一端，对三相绕组分别进行测量。测量三相绕组间绝缘时，L和E端钮分别接被测两相绕组。上述两种测量的绝缘电阻均应不低于0.5MΩ。

8.用万用表检查定子绕组方法正确。检查定子绕组，一是测量有无绕组断线，二是测量直流电阻（用万用表“R×1”挡，粗略测）。

9.空载试车接线正确，熔断器选择正确。检查控制板主电路，并与电动机连接，注意接好保护接地线。熔断器熔体按2.5倍电动机额定电流选择，热继电器整定值按1.1倍额定电流调整，控制电路熔断器熔体按5A选择。

【实训报告】

实训完成后，要求写出实训报告。实训报告应包含以下内容。

1.训练目的，所拆装交流异步电动机的铭牌数据和型号含义。

2.交流电动机的拆卸步骤，问题及解决方案，交流电动机的保养过程。

3.组装电动机的步骤，问题及解决方案，对本次项目训练的意见及建议。

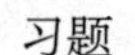

习题

一、单项选择题

1.异步电动机在正常旋转时，其转速（　　）。

A.低于同步转速　　B.高于同步转速

C.等于同步转速　　D.与同步转速无关

2.异步电动机的转差率s=1时，说明电动机是处于（　）。

A.停止状态　　B.以额定转速运转

C.以同步转速运转　　D.超同步转速运转

3.笼式三相异步电动机的起动方法有降压起动和（　）。

A.星形–三角形换接起动　　B.自耦降压起动

C.变频起动　　D.直接起动

4.三相异步电动机在（　）的瞬间，转子、定子中的电流是很大的。

A.起动　　B.运行

C.制动　　D.以上说法均不对

5.三相异步电动机的旋转速度与（　）无关。

A.同步转速　　B.磁极对数　　C.电源频率　　D.电源电压

6.三相异步电动机采用星形–三角形降压起动时，起动电流是直接起动时的（　）。

A.1/3　　B.$1/\sqrt{3}$　　C.3　　D.$\sqrt{3}$

7.罩极式单相异步电机的转动方向是（　）。

A.由磁极的未罩部分转向被罩部分　　B.由磁极的被罩部分转向未罩部分

C.以上两种方向都有可能　　D.以上说法均不对

8.电容分相式单相异步电动的电容器应与（　）。

A.工作绕组串联　　B.工作绕组并联　　C.起动绕组串联　　D.起动绕组并联

9.直流电机中换向器的用途是（　）。

A.减小噪音　　B.电流转向

C.减小损耗　　D.延长电机使用寿命

10.如果使直流电动机在额定电压下直接起动，起动电流可达额定电流的（　）。

A.3~5倍　　B.5~7倍　　C.7~10倍　　D.10~20倍

二、简答题

1.笼式电动机通常采用哪几种起动方式?

2.三相异步电动机有哪几种调速方法?

3.简述直流电动机中换向器的作用。

第五章 常用低压电器及基本控制电路

知识目标

1.掌握 常用低压电器的结构、原理及符号；电气原理图绘制方法及要求；三相异步电动机点动、自锁、循序控制、正反转控制和时间控制等基本控制电路的原理。

2.熟悉 三相异步电动机基本控制电路图的画法；电气布置图的绘制原则、方法以及注意事项；设备电气故障的检修方法。

3.了解 常用低压电器的分类、型号及技术参数；电气接线图要求；电气安装标准规范。

能力目标

1.学会 使用常用低压电器；使用万用表测量电路参数及检测电路故障；使用测电笔、剥线钳、冷压钳等常用电工工具；合理选用常用低压电器的类型和参数；绘制设备电气原理图。

2.具备 装配三相异步电动机基本控制电路的能力；读懂简单设备电气原理图的能力；分析查找简单电气控制线路故障的能力；严谨求实的工作态度和电气安装标准规范意识。

案例讨论

案例 制药行业对物料进行混合常用V型混合机，混合机由一台交流电动机带动运转，控制面板上写有点动控制和长动控制按钮。当V型混合机定时停机时，若出料口不在下方，可按点动按钮让出料口转至下方。若要让物料长时间混合，可按长动按钮，混合机将连续长时间运转。

讨论 如何利用低压电器实现V型混合机的点动控制和长动控制方式？这些电器应如何装配到设备内？

PPT

第一节 常用低压电器

对电动机和生产机械实现控制和保护的电工设备叫作控制电器。控制电器的种类很多，按其动作方式可分为手动和自动两类。手动电器的动作是由工作人员手动操纵的，如刀开关、组合开关、按钮等。自动电器的动作是根据指令、信号或某个物理量的变化自动进行的，如中间继电器、交流接触器等。

一、组合开关

组合开关又称转换开关，常用于交流50Hz、380V以下及直流220V以下的电气线路中，供手动不频繁地接通和断开电路、接通电源和负载以及控制5kW以下小容量异步电动机的起动停止和正反转。

（一）结构及应用

常用的组合开关有HZ系列，有单极、双极和多极之分，常用的三极组合开关外形及其结构原理图如图5-1所示。

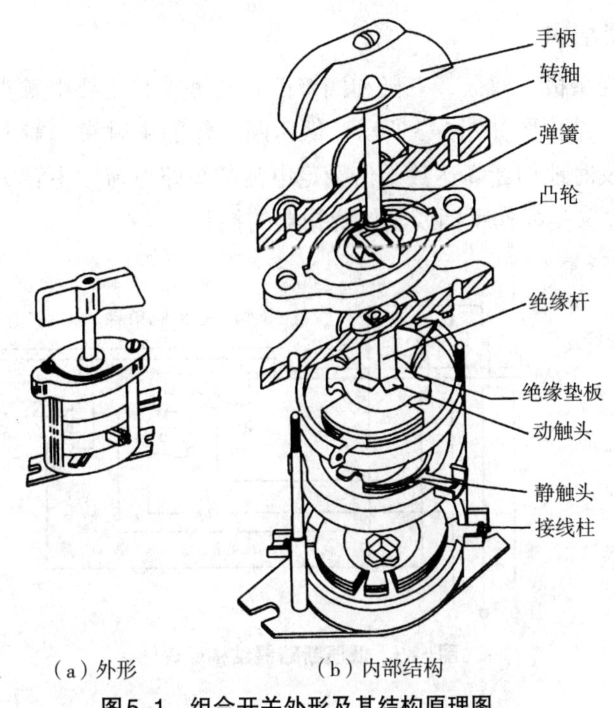

（a）外形　　（b）内部结构

图5-1　组合开关外形及其结构原理图

组合开关由动触头、静触头、转轴、手柄、定位机构和外壳组成。它的内部有三对静触头，分别装在绝缘垫板上，并附有接线柱，用于与电源及用电设备的连接。三个动触头是由磷铜片或硬紫铜片和具有良好绝缘性能的绝缘钢纸板铆合而成，和绝缘垫板一起套在有手柄的绝缘杆上，手柄每转动90°，带动三个动触头分别与三对静触头接通或断开，实现接通或断开电路的目的。开关的顶盖部分由凸轮、弹簧及手柄等零件构成操作机构，由于采用了扭簧储能可使触头快速闭合或分断，从而提高了开关的通断能力。组合开关具有体积小、寿命长、结构简单、操作方便、灭弧性能较好等优点。

组合开关应根据用电设备的电压等级、容量和所需触头数进行选用。组合开关的额定电流有6、10、15、25、60、100A等多种。组合开关用于一般照明、电热电路时，其额定电流应等于或大于被控制电路中各负载电流的总和；组合开关用于控制电动机时，其额定电流一般取电动机额定电流的1.5~2.5倍。

（二）符号画法

常用的组合开关有单极、双极、三极和四极开关，文字符号和图形符号如图5-2所示。

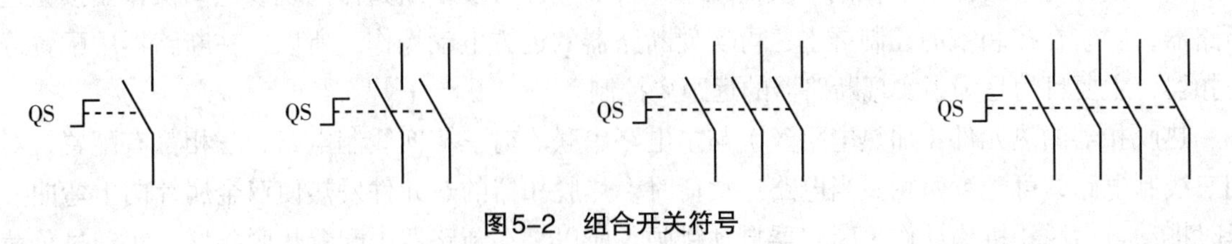

图5-2　组合开关符号

医药大学堂
www.yiyaodxt.com

微课

二、低压断路器

低压断路器又称自动空气开关，能在正常电路条件下接通、承载、分断电流，也能在规定的非正常电路条件（例如短路）下接通、承载一定时间和分断电流的一种机械开关电器。

（一）低压断路器结构

低压断路器可分为单极、双极、三极和四极四种类型。它主要由触头系统、灭弧装置、保护系统和操作机构组成，结构图如图5-3所示。低压断路器的主触头一般由耐弧合金制成，采用灭弧栅片灭弧，能快速及时地切断高达数十倍额定电流的短路电流。主触头的通断是受自由脱扣器控制的，而自由脱扣器又受操作手柄或其他脱扣器的控制。

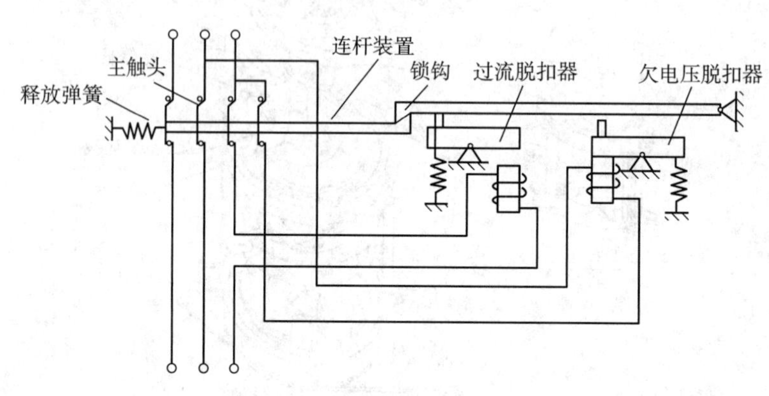

图5–3　低压断路器结构原理图

自由脱扣机构是一套连杆机构。当操作手柄手动合闸（有些断路器可以电动合闸），即主触头被合闸操作机构闭合后，锁键被锁钩挂住，即自由脱扣机构将主触头锁在合闸位置上。当操作手柄手动跳闸或其他脱扣器动作时，使锁钩脱开（脱扣），弹簧迫使主触头快速断开，称为断路器跳闸。为扩展功能，除手动跳闸和合闸操作机构外，低压断路器可配置电磁脱扣器（即过电流脱扣器、欠电压脱扣器、分励脱扣器）、热脱扣器、辅助触点、电动合闸操作机构等附件。

过电流脱扣器的线圈与主电路串联。当电路发生短路时，短路电流流过线圈产生的电磁力迅速吸合衔铁左端，衔铁右端上翘，经杠杆作用，顶开锁钩，从而带动主触头断开主电路（断路器自动跳闸），所以，在断路器中配置过电流脱扣器，短路时可实现过电流保护功能。

欠电压脱扣器的线圈与电源电路并联。当电源电压正常时，衔铁被吸合；当电路欠电压（包括其所接电源缺相、电压偏低和停电）时，弹簧力矩大于电磁力矩，衔铁释放，使自由脱扣机构迅速动作，断路器自动跳闸。在断路器中配置欠电压脱扣器，实现欠电压保护功能，主要用于电动机的控制。

分励脱扣器的线圈一般与电源电路并联，也可另接控制电源。断路器在正常工作时，其线圈无电压。若按下按钮，使线圈通电，衔铁带动自由脱扣机构动作，使主触头断开，称为断路器电动跳闸。按钮与断路器安装在同一块低压屏（台）上，可实现断路器的现场电动操作。按钮远离断路器，安装在控制室的控制屏上，可实现断路器的远方电动操作。所以，在断路器中配置分励脱扣器，主要目的是为了实现断路器的远距离控制。

热脱扣器的热元件（加热电阻丝）与主电路串联。对三相四线制电路，三相都有配置，对三相三线制电路，可配置两相。当电路过负荷时，热脱扣器的热元件发热使双金属片向上弯曲，经延时推动自由脱扣机构动作，断路器自动跳闸。所以，在断路器中配置热脱扣器，实现过负荷保护功能。

辅助触点是断路器的辅助件，用于断路器主触头通断状态的监视、联动其他自动控制设备等。

操作手柄主要用于手动跳闸和手动合闸操作，还要以备检修之用。电动合闸操作机构可实现远距离电动合闸，一般容量较大的低压断路器才配置。

正常情况下过流脱扣器的衔铁是释放着的，严重过载或短路时，线圈因流过大电流而产生较大的电磁吸力，把衔铁往下吸而顶开锁钩，使主触点断开，起过流保护作用。欠电压脱扣器在正常情况下吸住衔铁，主触点闭合，电压严重下降或断电时释放衔铁而使主触点断开，实现欠电压保护。电源电压正常时，必须重新合闸才能工作。

（二）符号画法

低压断路器文字符号和图形符号如图5-4所示。

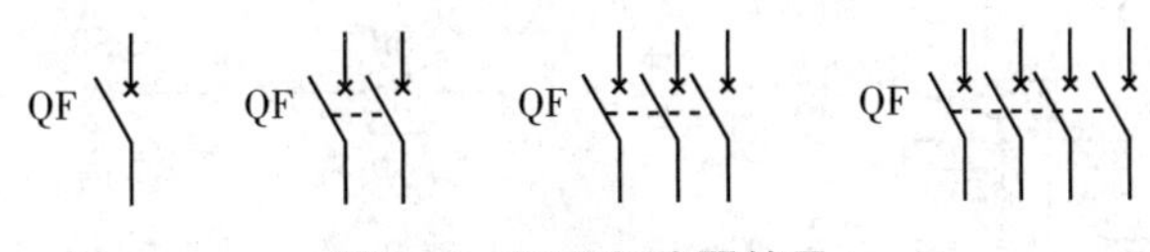

图5-4 低压断路器符号

三、熔断器

熔断器是一种被广泛应用的简单而有效的保护电器。在使用中，熔断器中的熔体（也称为保险丝）串联在被保护的电路中，当该电路发生过载或短路故障时，如果通过熔体的电流达到或超过了某一值，则在熔体上产生的热量便会使其温度升高到熔体的熔点，导致熔体自行熔断，达到保护电路的目的。

（一）结构与工作原理

熔断器主要由熔体和安装熔体的熔管或熔座两部分组成。熔体由熔点较低的材料如铅、锌、锡及铅锡合金做成丝状或片状。熔管是熔体的保护外壳，由陶瓷、绝缘钢纸或玻璃纤维制成，在熔体熔断时兼起灭弧作用。

熔断器熔体中的电流为熔体的额定电流时，熔体长期不熔断；当电路发生严重过载时，熔体在较短时间内熔断；当电路发生短路时，熔体能在瞬间熔断。熔体的这个特性称为反时限保护特性，即电流为额定值时长期不熔断，过载电流或短路电流越大，熔断时间越短。由于熔断器对过载反应不灵敏，不宜用于过载保护，主要用于短路保护。

常用的熔断器有螺旋管式、瓷插式、管式和填料式四种，其文字符号和图形符号如图5-5所示。

（二）选择

熔断器的选择主要是选择熔断器的种类、额定电压、额定电流和熔体的额定电流等。熔断器的种类主要由电气控制系统整体设计时确定，熔断器的额定电压应大于或等于实际电路的工作电压，因此确定熔体电流是选择熔断器的主要任务，具体有下列几条原则。

1. 电路上、下两级都装设熔断器时，为使两级保护相互配合良好，两极熔体额定电流的比值不小于1.6：1。

2. 对于照明线路或电阻炉等没有冲击性电流的负载，熔体的额定电流应大于或等于电路的工作电流。

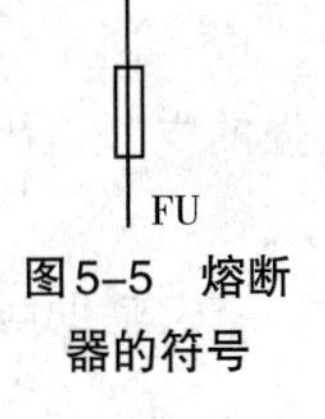

图5-5 熔断器的符号

3.保护一台异步电动机时，考虑电动机冲击电流的影响，熔体的额定电流应大于或等于电路工作电流的1.5~2.5倍。

微课

四、按钮

按钮通常用于发出操作信号，接通或断开电流较小的控制电路，以控制电流较大的电动机或其他电气设备的运行。按钮的结构示意图如图5-6所示，它由按钮帽、动触点、静触点和复位弹簧等构成。在按钮未按下时，动触点是与上面的静触点接通的，这对触点称为动断（常闭）触点；这时动触点与下面的静触点则是断开的，这对触点称为动合（常开）触点。当按下按钮帽时，上面的动断触点断开，而下面的动合触点接通；当松开按钮帽时，动触点在复位弹簧的作用下复位，使动断触点和动合触点都恢复原来的状态。

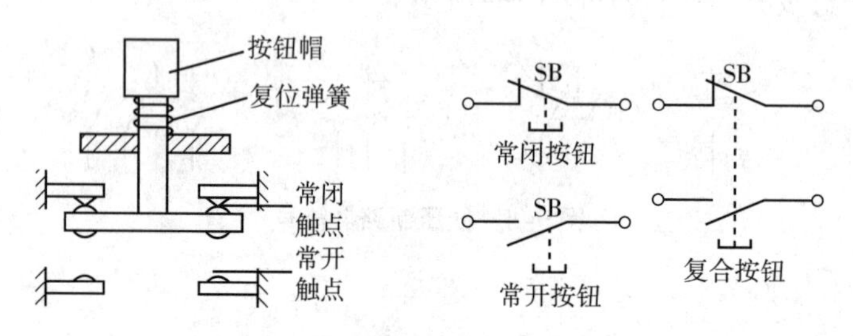

图5-6　按钮结构示意图及符号

常见的一种双联（复合）按钮由两个按钮组成，一个用于电动机起动，一个用于电动机停止。按钮触点的接触面积都很小，额定电流一般不超过25A。有的按钮装有信号灯，按钮帽用透明塑料制成，兼作指示灯罩，以显示电路的工作状态。为了标明各个按钮的作用，避免误操作，通常将按钮帽作成不同的颜色，以示区别，其颜色有红、绿、黑、黄、白等。一般以绿色按钮表示起动，红色按钮表示停止。

五、交流接触器

微课

接触器是一种适用于在低压配电系统中远距离控制、频繁操作交、直流主电路及大容量控制电路的自动控制开关电器。主要应用于自动控制交、直流电动机，电热设备，电容器组等设备。

接触器具有大容量的主触头及迅速熄灭电弧的能力，当系统发生故障时，能根据故障检测元件所给出的动作信号，迅速、可靠地切断电源，并有低压释放功能，是电力拖动自动控制线路中使用最广泛的电器元件。接触器按其主触点通过电流的种类可分为交流接触器和直流接触器。交流接触器又可分为电磁式和真空式两种。这里主要介绍常用的电磁式交流接触器。

（一）组成

交流接触器主要由电磁机构、触点系统和灭弧装置构成。

1.电磁机构　用来操作触点的闭合和分断，它由静铁心、线圈和衔铁三部分组成。其作用是将电磁能转换成机械能，产生电磁吸力带动触点动作。

2.主触点和灭弧系统　主触点用以通断电流较大的主电流，一般由接触面积较大的常开触点组成，通常为三对常开触点。交流接触器在分断大电流电路时，往往会在动、静触点之间产生很强的电弧，因此，容量较大（10A以上）的交流接触器均装有灭弧罩，有的还有栅片或磁吹熄弧装置。

3.辅助触点　用以通断小电流的控制电路，它由常开触点和常闭触点成对组成。辅助触点不

装设灭弧装置，所以它不能用来分合主电路。

4.其他装置　包括反作用弹簧、缓冲弹簧、触头压力弹簧、传动机构、接线柱及外壳等。

接触器上标有端子标号，线圈为A_1、A_2，主触点1、3、5接电源侧，2、4、6接负荷侧。辅助触点用两位数表示，前一位为辅助触点顺序号，后一位的3、4表示常开触点，1、2表示常闭触点。

（二）动作原理

当交流接触器线圈通电后，在铁心中产生磁通。由此在衔铁气隙处产生吸力，使衔铁产生闭合动作，主触点在衔铁的带动下也闭合，于是接通了主电路。同时衔铁还带动辅助触点动作，使原来打开的辅助触点闭合，并使原来闭合的辅助触点打开。当线圈断电或电压显著降低时，吸力消失或减弱，衔铁在释放弹簧的作用下打开，主、副触点又恢复到原来状态。交流接触器动作原理及符号如图5-7所示。

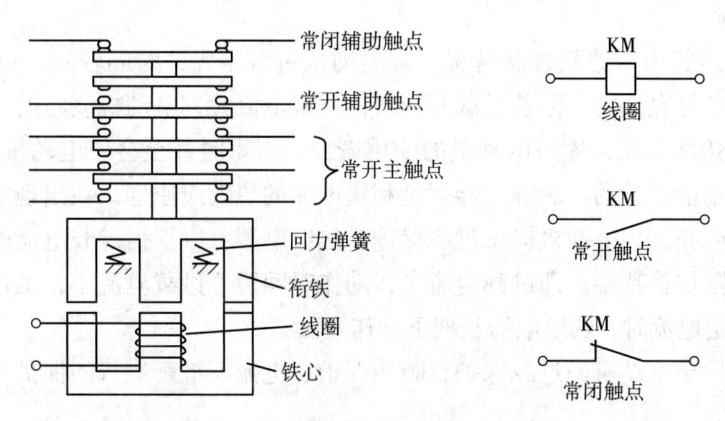

图5-7　交流接触器动作原理图及符号

（三）接触器的选择

1.接触器的类型选择　根据接触器所控制的负载性质来选择接触器的类型。

2.额定电压的选择　接触器的额定电压应大于或等于负载回路的电压。

3.额定电流的选择　接触器的额定电流应大于或等于被控回路的额定电流。

4.吸引线圈的额定电压选择　吸引线圈的额定电压应与所接控制电路的电压相一致。

（四）接触器常见故障分析

1.触头过热　造成触头发热的主要原因有：触头接触压力不足；触头表面接触不良；触头表面被电弧灼伤烧毛等。以上原因都会使触头接触电阻增大，使触头过热。

2.触头磨损　触头磨损有两种：一种是电气磨损，由触头间电弧或电火花的高温使触头金属气化和蒸发所造成；另一种是机械磨损，由触头闭合时的撞击，触头表面的滑动摩擦等造成。

3.线圈断电后触头不能复位　其原因有：触头熔焊在一起；铁心剩磁太大；反作用弹簧弹力不足；活动部分机械上被卡住；铁心端面有油污等。

4.衔铁震动和噪声　产生震动和噪声的主要原因有：短路环损坏或脱落；衔铁歪斜或铁心端面有锈蚀、尘垢，使动、静铁心接触不良；反作用弹簧弹力太大；活动部分机械上卡阻而使衔铁不能完全吸合等。

5.线圈过热或烧毁　线圈中流过的电流过大时，就会使线圈过热甚至烧毁。发生线圈电流过大的原因有：线圈匝间短路；衔铁与铁心闭合后有间隙；操作频繁，超过了允许操作频率；外加电压高于线圈额定电压等。

医药大学堂 WWW.YIYAODXT.COM

六、继电器

继电器是一种根据某种物理量的变化，使其自身的执行机构动作的电器。它由感应元件和执行元件组成，执行元件触点通常接在控制电路中。当感应元件中的输入量（如电流、电压、温度、压力等）变化到某一定值时继电器动作，执行元件便接通或断开控制电路，以达到控制或保护的目的。

继电器的种类很多，按动作原理分为：电磁式继电器、感应式继电器、热继电器、机械式继电器、电动式继电器、电子式继电器等；按动作信号分为：电流继电器、电压继电器、时间继电器、速度继电器、温度继电器、压力继电器等。

在电力系统中，用得最多的是电磁式继电器。本节主要讲述热继电器、时间继电器和中间继电器。

微课

（一）热继电器

电动机在实际运行中常遇到过载情况。若电动机过载不大，时间较短，电动机绕组不超过允许温升，这种过载是允许的。但若过载时间长，过载电流大，电动机绕组的温升就会超过允许值，使电动机绕组绝缘老化，缩短电动机的使用寿命，严重时甚至会使电动机绕组烧毁。所以，这种过载是电动机不能承受的。热继电器就是利用电流的热效应原理，在出现电动机不能承受的过载时切断电动机电路，为电动机提供过载保护。热继电器可以根据过载电流的大小自动调整动作时间，具有反时限保护特性。即过载电流大，动作时间短，过载电流小，动作时间长，当电动机的工作电流为额定电流时，热继电器长期不动作。

热继电器主要用于电动机的过载保护、断相保护、电流不平衡运行的保护及其他电气设备发热状态的控制。

1.结构 热继电器的结构由双金属片、热元件、动作机构、触头系统、整定调整装置和手动复位装置等几部分组成。

2.动作原理 热继电器动作原理示意图及符号如图5-8所示。

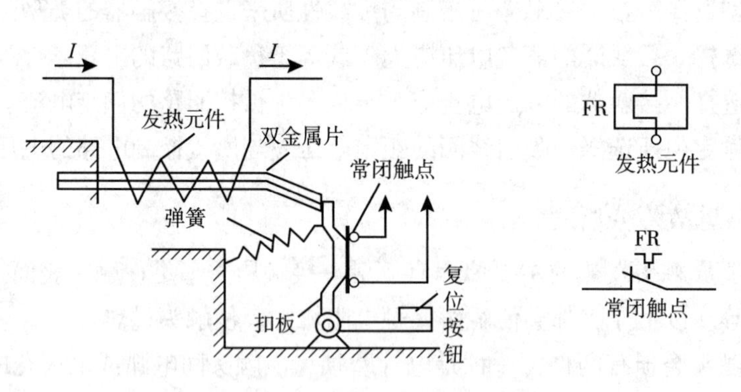

图5-8 继电器动作原理示意图

使用时，将热继电器的三相热元件分别串接在电动机的三相主电路中，动断触点串接在控制电路的接触器线圈回路中。当电动机过载时，流过电阻丝（热元件）的电流增大，电阻丝产生的热量使金属片弯曲，经过一定时间后，弯曲位移增大，推动导板移动，使其动断触点断开，动合触点闭合，使接触器线圈断电，接触器触点断开，将电源切除起过载保护作用。

3.选用 选用热继电器主要应考虑的因素有：额定电流或热元件的整定电流要求应大于被保护电路或设备的正常工作电流。作为电动机保护时，要考虑其型号、规格和特性、正常起动时的起动时间和起动电流、负载的性质等。在接线上对星形连接的电动机，可选两相或三相结构的热

医药大学堂 WWW.YIYAODXT.COM

继电器，对三角形连接的电动机，应选择带断相保护的热继电器。所选用的热继电器的整定电流通常与电动机的额定电流相等。选用热继电器要注意下列几点。

（1）对于点动、重载起动、频繁正反转及带反接制动等运行的电动机，一般不用热继电器作过载保护。

（2）要根据热继电器与电动机的安装条件和环境的不同，将热元件的电流作适当调整。如高温场合，热源间的电流应放大1.05~1.20倍。

（3）通过热继电器的电流与整定电流之比称为整定电流倍数。其值越大发热越快，动作时间越短。

（二）时间继电器

继电器感受部分在感受外界信号后，经过一段时间才能使执行部分动作的继电器，叫作时间继电器。即当吸引线圈通电或断电以后，其触头经过一定延时以后再动作，以控制电路的接通或分断。它被广泛用来控制生产过程中按时间原则制定的工艺程序，如异步电动机定时控制、笼型电动机Y／△起动等。

时间继电器的种类很多，主要有电磁式、空气阻尼式、电动式、电子式等。继电器延时方式有通电延时和断电延时两种。空气阻尼式时间继电器延时时间有0.4~180秒和0.4~60秒两种规格，具有延时范围宽、结构简单、工作可靠、价格低廉、寿命长等优点，是交流控制线路中原来常用的时间继电器，如图5-9所示。它的缺点是延时误差（±10%~±20%）大，无调节刻度指示，难以精确地确定延时值。在对延时精度要求高的场合，不宜使用这种时间继电器。现在多被电子式时间继电器取代。

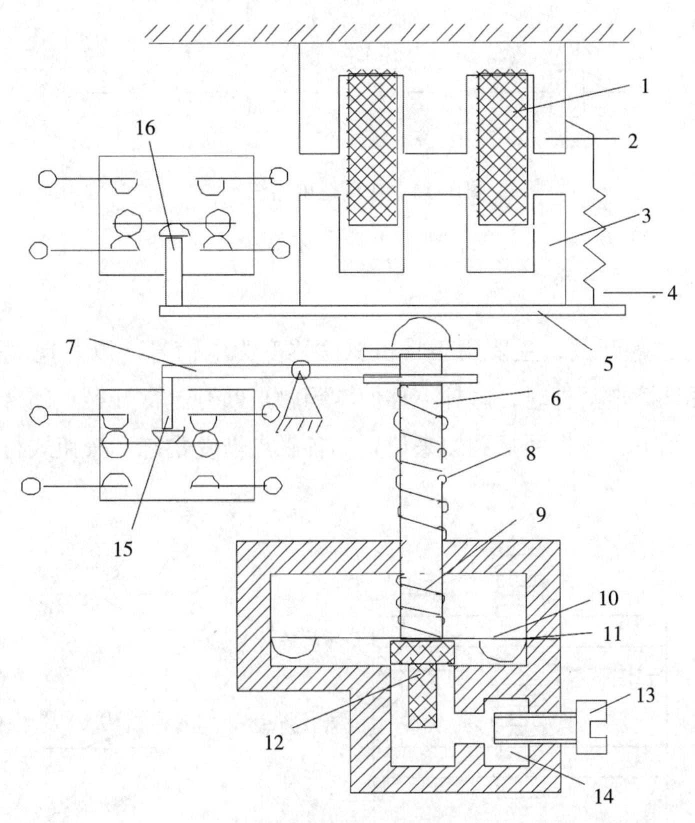

1.线圈；2.铁心；3.衔铁；4.反力弹簧；5.推板；6.活塞杆；7.杠杆；8.塔形弹簧；9.弱弹簧；10.橡皮膜；11.空气室壁；12.活塞；13.调节螺钉；14.进气孔；15、16.微动开关

图5-9　通电延时型空气阻尼式时间继电器结构

医药大学堂 WWW.YIYAODXT.COM

在电气控制线路中现在常用电子式时间继电器进行延时控制。电子式时间继电器是利用半导体器件来控制电容的充放电时间以实现延时功能的。电子式时间继电器分晶体管式和数字式两种。常用的晶体管式时间继电器有JS20 等系列，延时范围有0.1~180秒、0.1~300秒、0.1~3600秒三种，适用于交流50Hz，380V及以下或直流110V及以下的控制电路中。数字式时间继电器分为电源分频式、RC 振荡式和石英分频式三种，如JSS系列时间继电器，采用大规模集成电路，LED显示，数字拨码开关预置，设定方便，工作稳定可靠，设有不同的时间段供选择，可按所预置的时间（0.01s~99h 99min）接通或断开电路。

时间继电器的符号如图5-10所示。

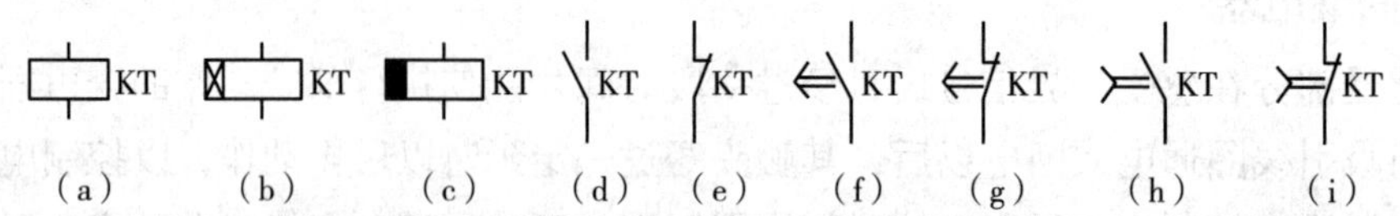

（a）线圈一般符号；（b）通电延时线圈；（c）断电延时线圈；（d）瞬时闭合常开触点；（e）瞬时断开常闭触点；
（f）延时闭合常开触点；（g）延时断开常闭触点；（h）延时断开常开触点；（i）延时闭合常闭触点

图5-10 时间继电器符号

（三）中间继电器

中间继电器通常用来传递信号和同时控制多个电路，也可用来直接控制小容量电动机或其他电气执行元件。中间继电器的结构和工作原理与交流接触器基本相同，与交流接触器的主要区别是触点数目多些，且触点容量小，只允许通过小电流。中间继电器符号如图5-11所示。

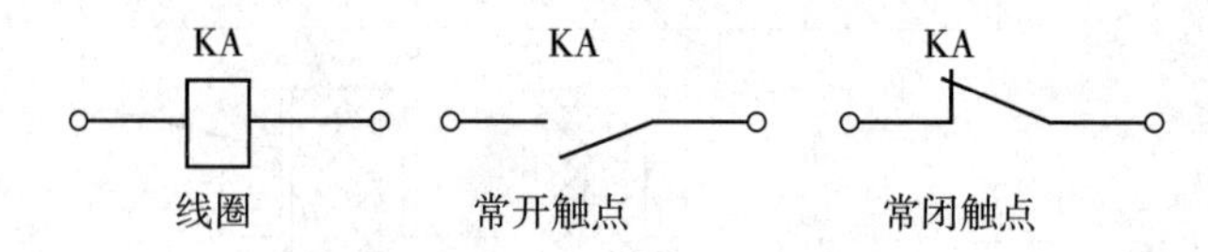

图5-11 中间继电器符号

七、行程开关

微课

行程开关也称为位置开关，主要用于将机械位移变为电信号，以实现对机械运动的电气控制。当机械的运动部件撞击触杆时，触杆下移使常闭触点断开，常开触点闭合；当运动部件离开后，在复位弹簧的作用下，触杆回复到原来位置，各触点恢复常态。按钮式行程开关原理示意图及符号如图5-12所示。

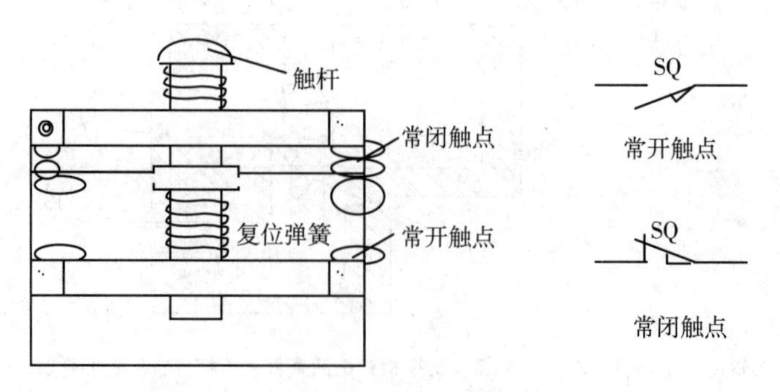

图5-12 行程开关的结构原理图及符号

医药大学堂
WWW.YIYAODXT.COM

八、速度继电器

速度继电器是用来反映转速与转向变化的继电器，它可以按照被控电动机转速的大小使控制电路接通或断开。速度继电器通常与接触器配合，实现对电动机的反接制动。从结构上看，速度继电器主要由转子、转轴、定子和触点等部分组成，如图5-13所示。转子是一个圆柱形永久磁铁，定子是一个笼形空心圆环，并装有笼形绕组。

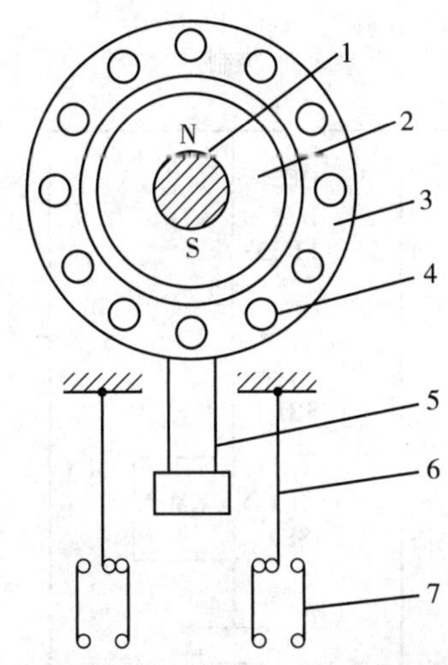

1.转轴；2.转子；3.定子；4.绕组；5.摆杆；6.动触点；7.静触点

图5-13　速度继电器结构示意图

工作原理：速度继电器的转轴和电动机的轴通过联轴器相连，当电动机转动时，速度继电器的转子随之转动，定子内的绕组便切割磁力线，产生感应电流，此电流与转子磁场作用产生转矩，使定子随转子方向开始转动。电动机转速达到某一值时，产生的转矩能使定子转到一定角度使摆杆推动常闭触点动作；当电动机转速低于某一值或停转时定子产生的转矩会减小或消失，触点在弹簧的作用下复位。速度继电器的符号如图5-14所示。

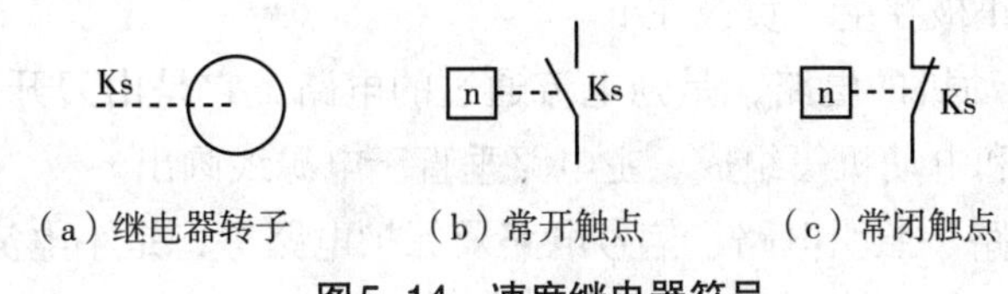

（a）继电器转子　（b）常开触点　（c）常闭触点

图5-14　速度继电器符号

第二节　电气控制系统图的基本知识

PPT

生产设备的运转通常需要用电动机拖动生产机械来完成，而电动机的运转需要通过各种低压电器组成的电气控制系统进行控制。为了表达生产机械电气控制系统的结构、原理等设计意图，同时为了便于电器元件的安装、接线、运行和维护，将电气控制系统中各电器的连接用一定的图形表示出来，便形成电气控制系统图。电气控制系统图从功能分类，可以分为电气原理图、电气接线图和电气布置图。

一、电气原理图

电气原理图采用国家统一规定的电器图形符号和文字符号，用来表示电路各电器元件的作用、连接关系和工作原理，而不考虑电路元器件的实际位置的一种简图。电气原理图能充分表达电气设备的工作原理，是电气线路安装、调试和维修的理论依据。如图5-15制药压片机电气原理图所示，通过该图即可表达制药压片控制系统所需的电器、控制原理、电气保护作用和维修理论依据等。

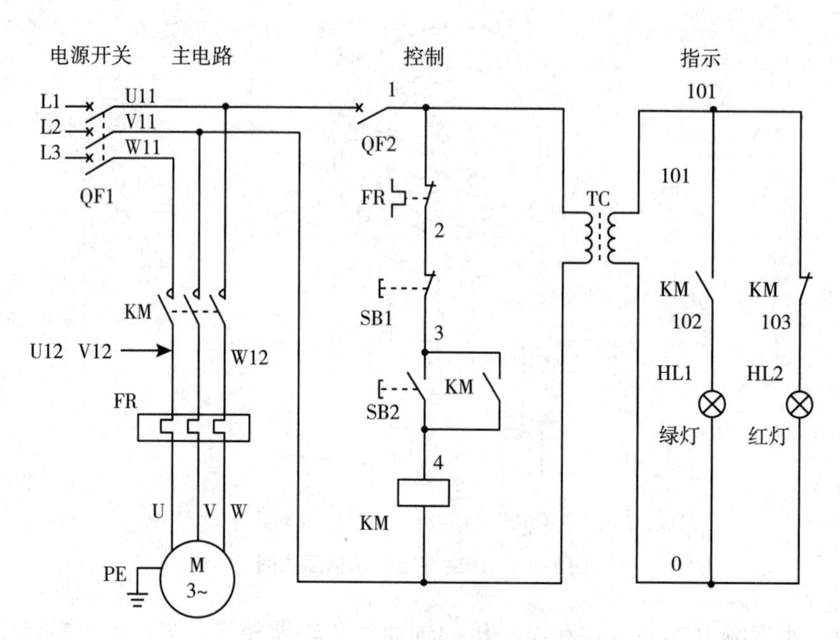

图5-15　制药压片机电气原理图

（一）电气原理图的组成

电气原理图可分为电源电路、主电路和辅助电路三部分。电源电路画成水平线，三相交流电源相序L1、L2、L3从上到下依次画出，中性线（N线）和保护接地线（PE线）依次画在相线之下。直流电源用水平线画出，正极在上，负极在下。

主电路是从电源到电动机的电路，是强电流通过的电路，它是由刀开关或断路器、熔断器、接触器主触头、热继电器和电动机等组成。主电路垂直于电源线画出。

辅助电路包括控制电路、照明电路、信号电路及保护电路等，是小电流通过的电路。它是由按钮、接触器辅助触头、接触器线圈、继电器触点、指示灯、照明灯、控制变压器等组成。绘制电路图时，控制电路用细实线绘制在原理图的右侧或下方，并跨接在两条水平电源线之间，耗能元件（如接触器、继电器线圈、电磁铁线圈、照明灯、信号灯等）要画在电路图的下方，而电器的触头要画在耗能元件与上边电源线之间。

（二）电器元件画法

电气原理图中电器元件均不画元件外形图，而是采用国家标准的电器图形符号画出。

同一电器的各元件可不按它们的实际位置画在一起，而是按其在电路中所起的作用分画在不同的电路中，但他们的动作是相互关联的，必须标以相同的文字符号。如果图中相同的电器较多时，需要在电器文字符号的后面加注不同的数字，以示区别，如SB1、SB2等。

（三）电器元件触头状态画法

电气原理图中各电器元件触头状态均按没有外力或未通电时触头的自然状态画出。对于接触器、电磁式继电器，是按电磁线圈未通电时的触头状态画出；对于控制按钮、行程开关的触头，是按不受外力作用时的状态画出；对于断路器和开关电器触头，是按断开状态画出。当电气触头的图形符号垂直放置时，以“左开右闭”原则绘制，即垂线左侧的触头为常开触头，垂线右侧的触头为常闭触头；当符号为水平放置时，以“上闭下开”原则绘制，即在水平线上方的触头为常闭触头，水平线下方的触头为常开触头。

（四）导线的画法

电气原理图中对有直接电联系的交叉导线连接点，用小黑点表示；对没有直接电联系的交叉导线连接点则不画小黑点。当两条连接线T形相交时，画不画小黑点均表示有直接电联系。

二、电气接线图

接线图是根据电气设备和电器元件的实际位置和安装情况绘制的，用来表示电气设备和电器元件的位置、配线方式和接线方式的图形，主要用于安装接线、线路的检查维修和故障处理。电气接线图的绘制原则如下。

1.接线图中一般示出如下内容：电气设备和电器元件的相对位置、文字符号、端子号、导线号、导线类型、导线截面积、屏蔽和导线绞合等。

2.所有的电气设备和电器元件都按其所在的实际位置绘制在图样上，各电气元器件的图形符号和文字符号必须与电气原理图一致，并符合国家标准。同一电器的各元器件根据其实际结构画在一起，并用点画线框上。

3.各电气元器件上凡是需接线的部件端子都应绘出，并予以编号，各接线端子的编号必须与电气原理图上的导线编号相一致，以便对照检查线路。

4.接线图中的导线有单根导线、导线组、电缆等之分，可用连续线和中断线来表示。走向相同的可以合并，用线束来表示，到达接线端子或电器元件的连接点时再分别画出。另外，导线及管子的型号、根数和规格应标注清楚。

三、电气布置图

布置图是根据电器元件在控制板上的实际安装位置，采用简化的外形符号（如正方形、矩形、圆形等）而绘制的一种简图。它不表达各电器的具体结构、作用、接线情况以及工作原理，主要用于电器元件的布置和安装。图中各电器的文字符号必须与电路图和接线图的标注相一致。一般情况下，电器布置图是与电器安装接线图组合在一起使用的，既起到电器安装接线图的作用，又能清晰地表示出所使用的电器的实际安装位置。

布置图的绘制原则、方法以及注意事项如下。

1.体积大和较重的电器元件应安装在电器安装板的下方，而发热元件应安装在电器安装板的上面。

2.强电、弱电应分开，弱电应屏蔽，防止外界干扰。

3.需要经常维护、检修、调整的电器元件安装位置不宜过高或过低。

4.电器元件的布置应考虑整齐、美观、对称。外形尺寸与结构类似的电器安装在一起，以利安装和配线。电器元件布置不宜过密，应留有一定间距，以利布线和维修。

制药压片机电气布置图如图5-16所示。

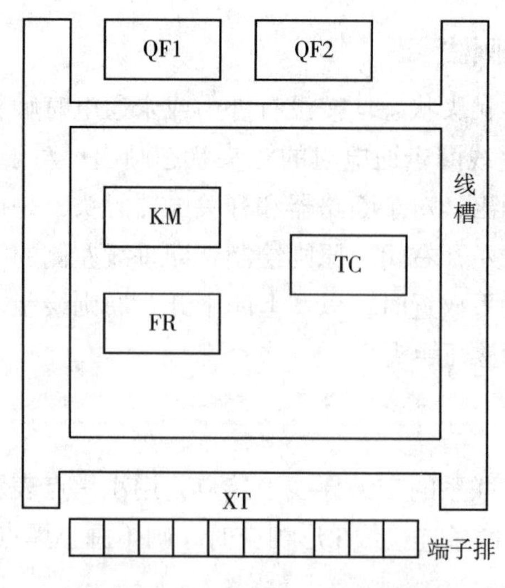

图5-16　制药压片机电气布置图

四、线号的标注原则和方法

（一）主电路线号的标注

主电路在电源开关的出线端按相序依次编号为U11、V11、W11。然后按从上至下、从左至右的顺序，每经过一个电器元件后，编号要递增，如U12、V12、W12，U13、V13、W13等。单台三相交流电动机（或设备）的三根引出线按相序依次编号为U、V、W。对于多台电动机引出线的编号，为了不致引起误解和混淆，可在字母前用不同的数字加以区别，如1U、1V、1W，2U、2V、2W等。

（二）辅助电路线号的标注

辅助电路接线端采用阿拉伯数字编号，一般由3位或3位以下的数字组成。标注方法按“等电位”原则进行，在垂直绘制的电路中，标号顺序一般由上至下、从左至右的顺序用数字依次编号。每经过一个电器元件后，编号要依次递增。控制电路编号的起始数字是1，其他辅助电路编号的起始数字依次递增100，如指示电路编号的起始数字从101开始，照明电路编号的起始数字从201开始。

PPT

第三节　三相异步电动机的基本控制电路

设备的电气原理图不管多么复杂，都是由一些实现简单功能的电气线路有机组合而成，这些实现简单功能的电气线路称为电气基本控制线路。熟练掌握这些基本控制线路的工作原理是掌握复杂设备及其控制电路工作原理的基础。基本的电气控制线路有点动、自锁、顺序、多地、正反转、时间、降压起动、位置和制动等控制方式。

电动机在使用过程中由于各种原因可能会出现一些异常情况，如电源电压过低、电动机电流过大、电动机定子绕组相间短路或电动机绕组与外壳短路等，如不及时切断电源则可能会对设备或人身带来危险，因此必须采取保护措施。常用的保护环节有短路保护、过载保护、零压保护和欠压保护等，可采取相应的电器安装在线路中实现各种保护功能。

一、点动控制

点动控制是指按下起动按钮，三相异步电动机得电起动运转，松开起动按钮电动机失电停转。点动控制线路如图5-17所示。

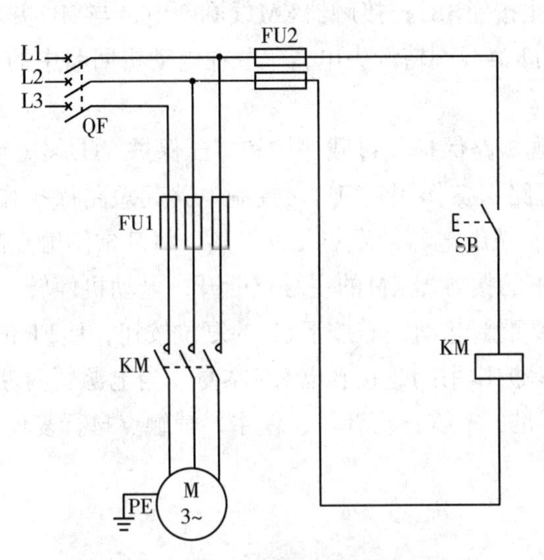

图5-17　点动控制电气原理图

合上断路器QF，按下按钮SB，接触器KM线圈通电，衔铁吸合，常开主触点接通，电动机定子接入三相电源起动运转。松开按钮SB，接触器KM线圈断电，衔铁松开，常开主触点断开，电动机因断电而停转。

微课

二、自锁控制

自锁控制线路如图5-18所示。

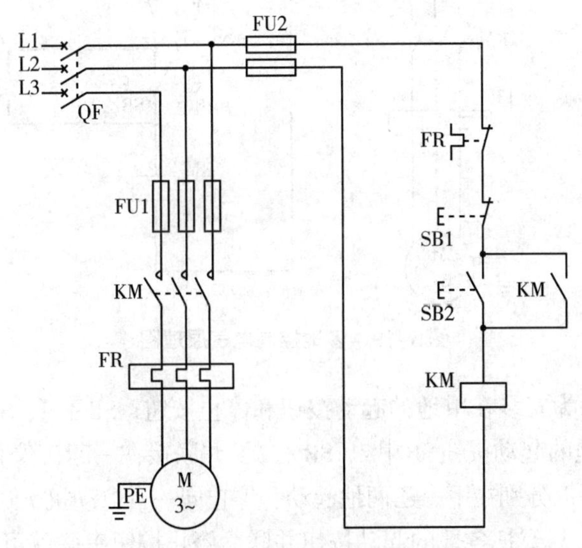

图5-18　自锁控制电气原理图

1.起动过程　按下起动按钮SB2，接触器KM线圈通电，与SB2并联的KM的辅助常开触点闭合，以保证松开按钮SB2后KM线圈持续通电，串联在电动机回路中的KM的主触点持续闭合，电动机连续运转，从而实现连续运转控制。

当松开SB2其常开触头恢复分断后，因为接触器的常开辅助触头KM闭合时已将SB2短接，控制电路仍保持接通状态，所以接触器KM继续得电，电动机作持续运转。这种松开起动按钮后，接触器能够自己保持得电的作用叫作自锁（或自保），与起动按钮并联的接触器辅助常开触头叫作自锁触头（或自保触头）。

2. 停止过程 按下停止按钮SB1，接触器KM线圈断电，与SB2并联的KM的辅助常开触点断开，以保证松开按钮SB1后KM线圈持续失电，串联在电动机回路中的KM的主触点持续断开，电动机停转。

自锁控制电路还可实现短路保护、过载保护和零压保护。①起短路保护作用的是熔断器FU1和FU2，FU1对主电路起短路保护作用，FU2对控制电路起短路保护作用。②起过载保护作用的是热继电器FR。当过载时，热继电器的发热元件发热，将其常闭触点断开，使接触器KM线圈断电，串联在电动机主回路中的接触器KM的主触点断开，电动机停转。同时KM辅助触点也断开，解除自锁。故障排除后若要重新起动，需按下FR的复位按钮，使FR的常闭触点复位（闭合）即可。③起零压（或欠压）保护作用的是接触器KM本身。当电源暂时断电或电压严重下降时，接触器KM线圈的电磁吸力不足，衔铁自行释放，使主、辅触点自行复位，切断电源，电动机停转，同时解除自锁。

三、多地控制

能在两地或多地控制同一台电动机的控制方式叫电动机的多地控制。多地控制线路如图5-19所示。

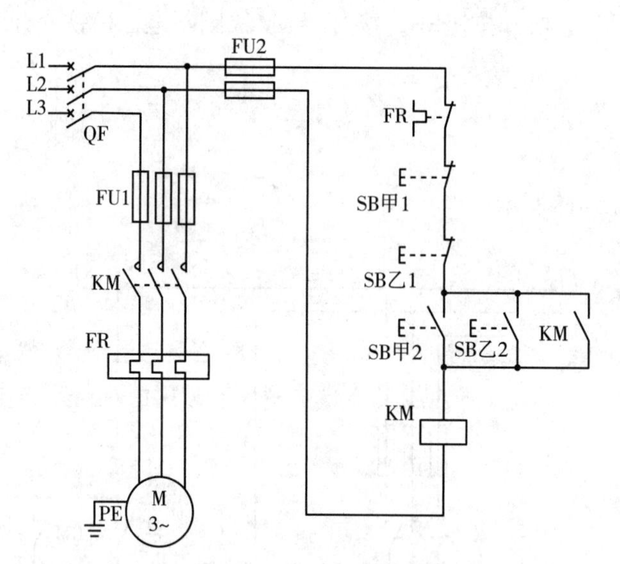

图5-19 多地控制电气原理图

其中SB甲2、SB甲1为安装在甲地的起动按钮和停止按钮；SB乙2、SB乙1为安装在乙地的起动按钮和停止按钮。两地的起动按钮SB甲2、SB乙2要并联接在一起；停止按钮SB甲1、SB乙1要串联接在一起。这样就可以分别在甲、乙两地起动和停止同一台电动机，达到操作方便的目的。

对三地或多地控制，只要把各地的起动按钮并联、停止按钮串联就可以实现。

接线原则：所有的起动按钮并联，所有的停止按钮串联。

四、顺序控制

在装有多台电动机的生产机械中，各电动机所起的作用是不同的，有时需要按一定顺序动作，才能保证整个工作过程的合理性和可靠性。例如，X62W型万能铣床上要求主轴电动机起动后，进给电动机才能起动；M7120型平面磨床中，要求当砂轮电动机起动后，冷却泵电动机才能起动等。这种只有当一台电动机起动后，另一台电动机才允许起动的控制方式，称为电动机的顺序控制。

（一）多台电动机先后顺序工作的控制

在生产机械中，有时要求一个控制系统中多台电动机实现先后顺序起动工作。例如机床中要求润滑电动机起动后，主轴电动机才能起动，控制电路如图5-20所示。

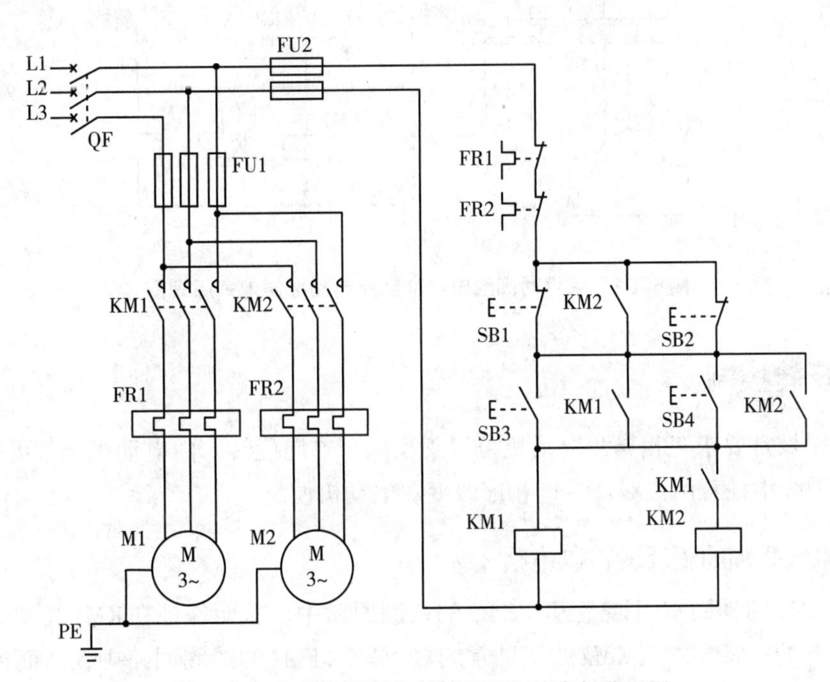

图5-20　多台电动机先后顺序工作的电气原理图

上述控制线路可实现M1→M2的顺序起动、M2→M1的顺序停止控制。

1.顺序起动控制分析　按下起动按钮SB3，接触器KM1线圈得电实现自锁，电动机M1起动运转，与接触器KM2线圈串联的KM1常开触点闭合，为接触器KM2线圈得电提供条件。按下按钮SB4，接触器KM2线圈得电实现自锁，电动机M2起动运转。电动机M1需要先起动，M2才能起动。

2.顺序停止控制分析　先按下停止按钮SB2，接触器KM2线圈失电解除自锁，电动机M2停止运转，同时与SB1常闭按钮并联的KM2辅助常开触点断开，然后再去按停止按钮SB1，接触器KM1线圈才能失电解除自锁，电动机M1才能停止运转，所以，停止顺序为M2→M1。

（二）利用时间继电器实现顺序起动控制

在生产机械中，有时要求一个控制系统中一台电动机M1起动t秒后，电动机M2自动起动，可利用时间继电器的延时功能来实现，如图5-21所示。

按下起动按钮SB2，接触器KM1线圈得电实现自锁，电动机M1起动运转，同时与接触器KM1线圈并联的时间继电器KT线圈得电开始计时。延时t秒后，时间继电器KT的延时常开触点闭合，接触器KM2线圈得电自锁，电动机M2自动起动，接触器KM2的辅助常闭触点分断，时间继电器KT线圈失电，延时常开触点回复原状态分断。

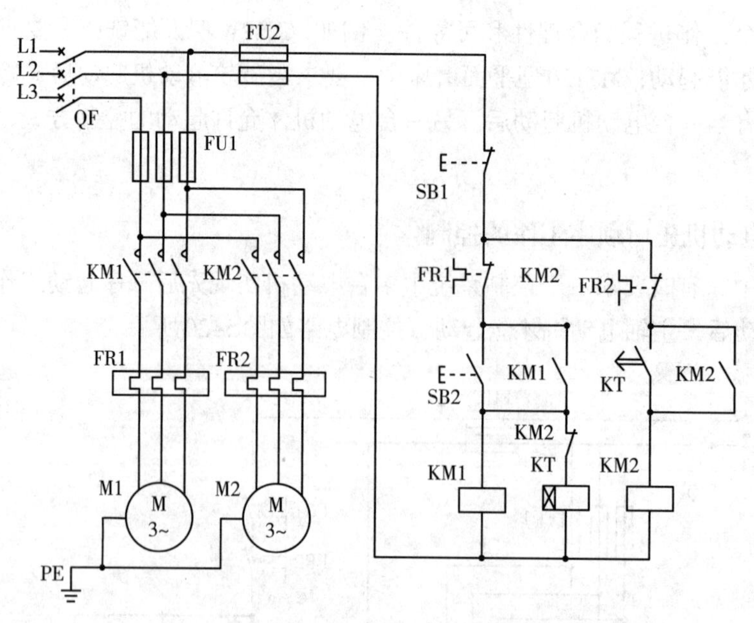

图5-21　采用时间继电器的顺序起动控制电气原理图

五、正反转控制

有些生产机械常要求三相异步电动机可以正反两个方向旋转，由电动机原理可知，只要把通入电动机的电源线中任意两根对调，即相序改变，电动机便反转。

（一）带电气联锁的正反转控制电路

将接触器KM1的辅助常闭触点串入KM2的线圈回路中，从而保证在KM1线圈通电时KM2线圈回路总是断开的；将接触器KM2的辅助常闭触点串入KM1的线圈回路中，从而保证在KM2线圈通电时KM1线圈回路总是断开的。这样接触器的辅助常闭触点KM1和KM2保证了两个接触器线圈不能同时通电，这种控制方式称为联锁或者互锁，这两个辅助常闭触点称为联锁或者互锁触点。电动机正反转控制原理如图5-22所示，按钮SB1起动电机正转，按钮SB2起动电机反转，SB3为停止按钮。

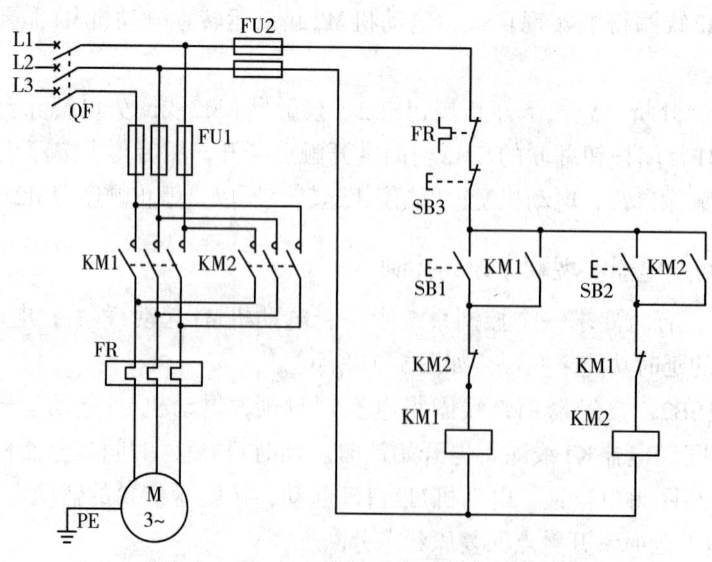

图5-22　带电气联锁的正反转控制电气原理图

医药大学堂
WWW.YIYAODXT.COM

正转起动过程：

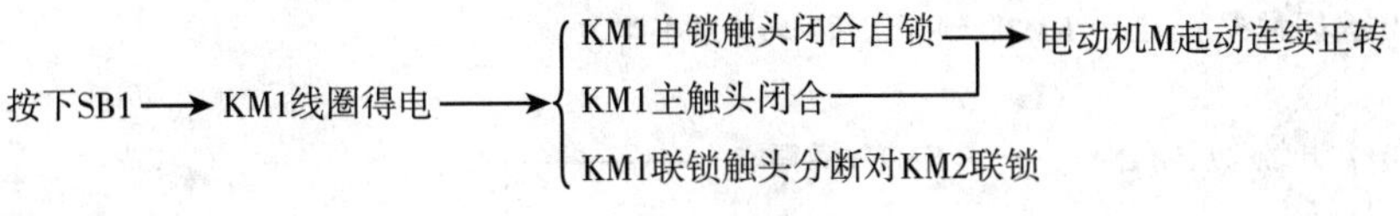

停止过程：

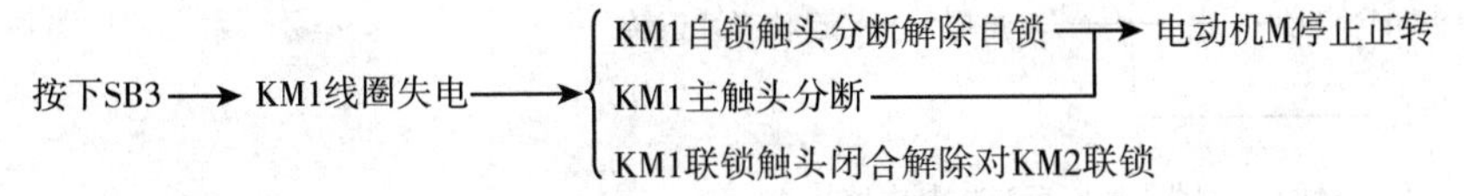

反转起动过程：

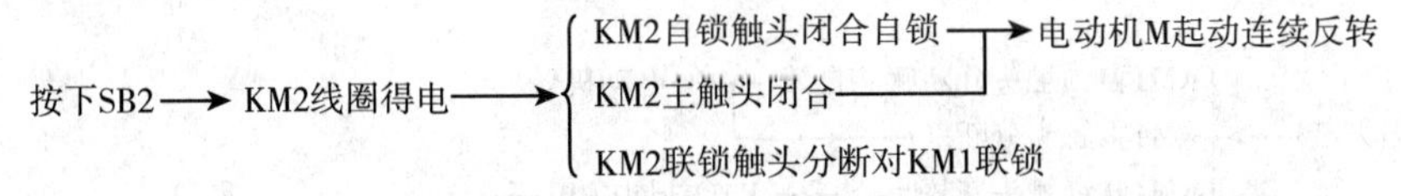

存在的问题：电路在具体操作时，若电动机处于正转状态要反转时，若先去按下反转起动按钮SB2，电动机不会反转，也不存在主电路短路危险，因此必须先按停止按钮SB3，使联锁触点KM1恢复闭合后，再按下反转起动按钮SB2才能使电动机反转；同理，若电动机处于反转状态要正转时必须先按停止按钮SB3，使联锁触点KM2恢复闭合后，再按下正转起动按钮SB1才能使电动机正转。

（二）同时具有电气联锁和机械联锁的正反转控制电路

如图5-23所示，按钮SB1起动电机正转，按钮SB2起动电机反转，SB3为总停按钮。

采用复式按钮，将SB1按钮的常闭触点串接在KM2的线圈电路中；将SB2的常闭触点串接在KM1的线圈电路中；这样，无论何时，只要按下正转起动按钮，在KM1线圈通电之前就首先使KM2线圈断电，从而保证接触器线圈KM1和KM2不同时通电；从反转到正转的情况也是一样。这种由机械按钮实现的联锁也叫机械联锁或按钮联锁（互锁），这样就克服了接触器联锁正反转控制线路的不足，在接触器联锁的基础上，又增加了按钮联锁，构成按钮、接触器双重联锁正反转控制线路，控制原理如图5-23所示。

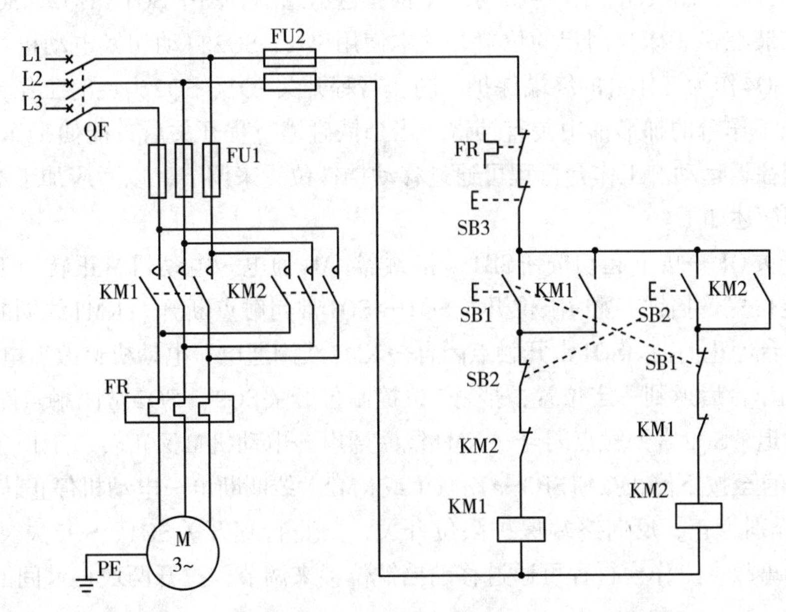

图5-23　双重联锁的电动机正反转控制的电气原理图

正转起动过程：

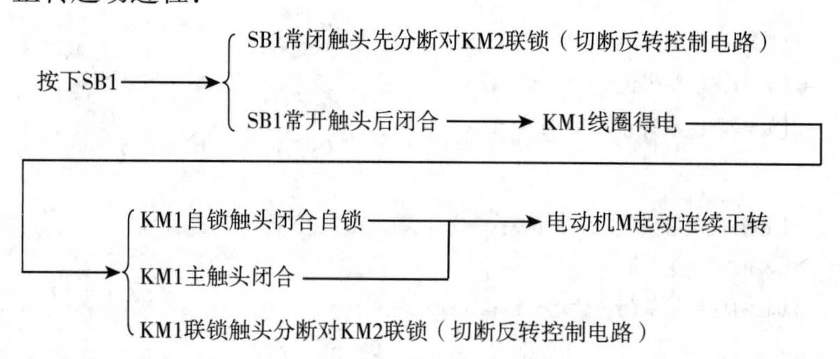

反转起动过程：

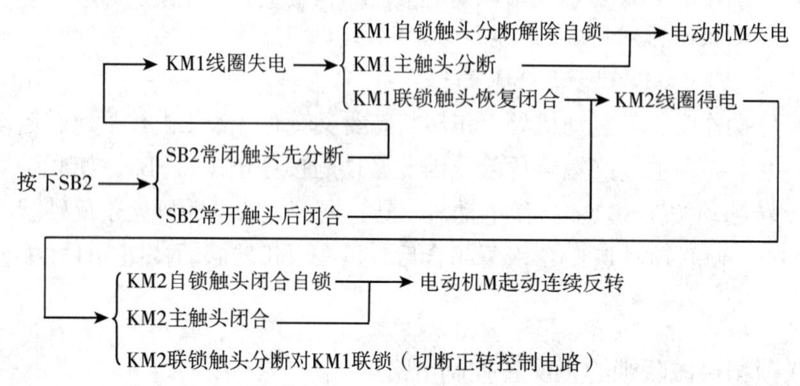

停止控制：若要停止，按下SB3，整个控制电路失电，主触头分断，电动机M失电停止转动。

六、自动往返控制

在生产过程中，有些生产机械运动部件的行程或位置要受到限制，或者需要运动部件在一定范围内自动往返循环等。如电梯、自动往返运料车、各种自动或半自动控制机床设备中就经常有这种控制要求。位置控制就是利用生产机械运动部件上的挡铁与行程开关碰撞，使其触点动作，来接通或分断电路，以实现对生产机械运动部件的位置或行程进行的控制方式。如图5-24所示为工作台自动往返行程控制线路，图5-25为工作台往返示意图。图中SQ1、SQ2、SQ3、SQ4为行程开关，按要求安装在机床床身固定的位置，其中使用SQ1、SQ2自动切换电动机的正反转控制电路，使用SQ3、SQ4作为工作台的终端保护，防止行程开关SQ1、SQ2失灵时工作台超过限定位置而造成事故。在工作台的梯形槽中装有挡铁，当挡铁碰撞行程开关后，能使工作台停止和换向，工作台就能实现往返运动。工作台行程可通过移动挡铁位置来调节，以适应加工不同的工件。该线路的工作原理简述如下。

合上电源开关QF→按下起动按钮SB1→接触器KM1通电→电动机M正转→工作台向前→工作台前进到一定位置，挡铁1碰撞限位开关SQ1→SQ1常闭触点断开→KM1线圈断电→电动机M停止正转，工作台停止向前。SQ1常开触点闭合→KM2线圈通电→电动机M改变电源相序而反转，工作台向后→工作台后退到一定位置，挡铁2碰撞限位开关SQ2→SQ2常闭触点断开→KM2线圈断电→M停止后退。SQ2常开触点闭合→KM1线圈通电→电动机M又正转，工作台又前进，如此往复循环工作，直至按下停止按钮SB3→KM1（或KM2）线圈断电→电动机停止转动。

SQ3、SQ4分别为正、反向终端保护限位开关，防止行程开关SQ1、SQ2失灵时造成工作台从机床上冲出的事故。工作台行程可通过移动挡铁位置来调节，拉开两块挡铁间的距离，行程变短，反之则变长。

医药大学堂
WWW.YIYAODXT.COM

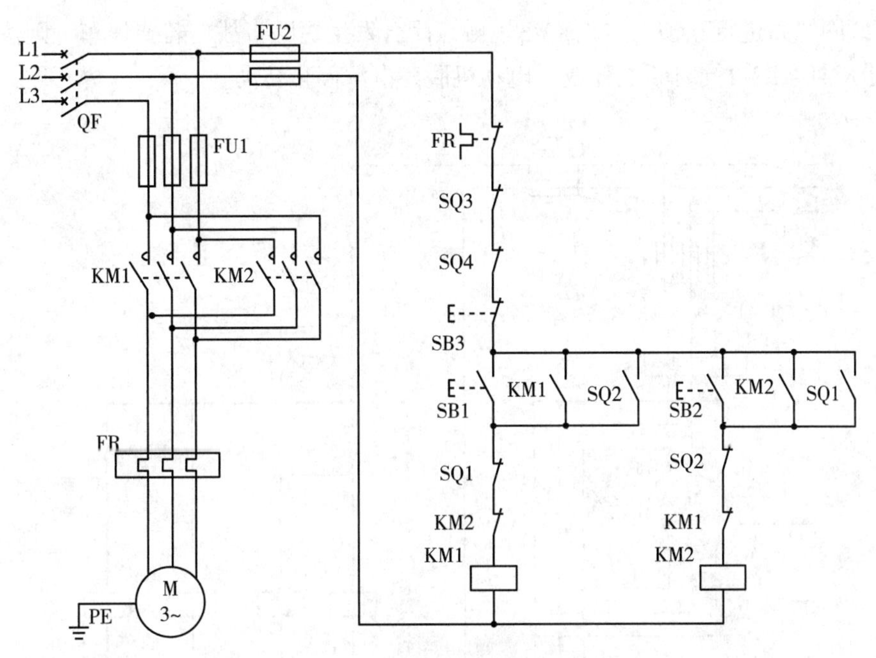

图5-24　工作台自动往返行程控制电气原理图

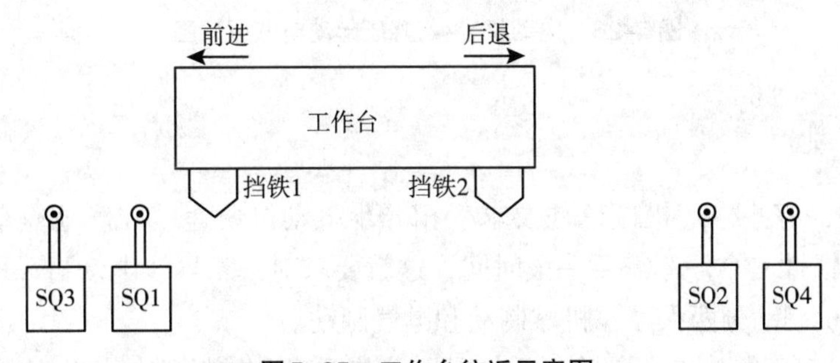

图5-25　工作台往返示意图

七、星形－三角形降压起动控制

Y-△降压起动是指电动机起动时，把定子绕组接成Y形，以降低起动电压，限制起动电流。待电动机起动后，再把定子绕组改接成△形，使电动机全压运行。Y-△降压起动只能用于正常运行时定子绕组作三角形连接的异步电动机。电动机起动时接成星形，加在每一相定子绕组的起动电压只有三角形接法的$1/\sqrt{3}$，起动电流是三角形接法的1/3，起动转矩也只有三角形接法的1/3，所以Y-△降压起动只适用于轻载或空载下起动。

通过时间继电器自动控制Y-△降压起动的电路如图5-26所示。该线路由三个接触器、一个热继电器、一个时间继电器和两个按钮组成。时间继电器KT用作控制Y形降压起动时间和完成Y-△自动切换。

线路的工作原理如下：先合上电源开关QF。按下起动按钮SB2，时间继电器KT、接触器KM1和接触器KM3同时通电吸合，时间继电器KT开始计时，KM1的一对常开辅助触点闭合进行自锁，KM1和KM3的常开主触点闭合，电动机在星形连接下起动，同时KM3的一对辅助常闭触点分断对KM2线圈线路进行互锁，防止KM2主触点闭合发生短路事故。经一定延时，KT的常闭延时触点断开，KM3断电复位，KT的常开延时闭合触点接通，接触器KM2通电吸合，KM2的常开主触点将定子绕组接成三角形，使电动机在额定电压下正常运行。同时KM2的一对辅助常闭触点

分断对KM3线圈线路进行互锁，防止KM3主触点闭合发生短路事故。若要停车，则按下停止按钮SB1，接触器KM1、KM2同时断电释放，电动机脱离电源停止转动。

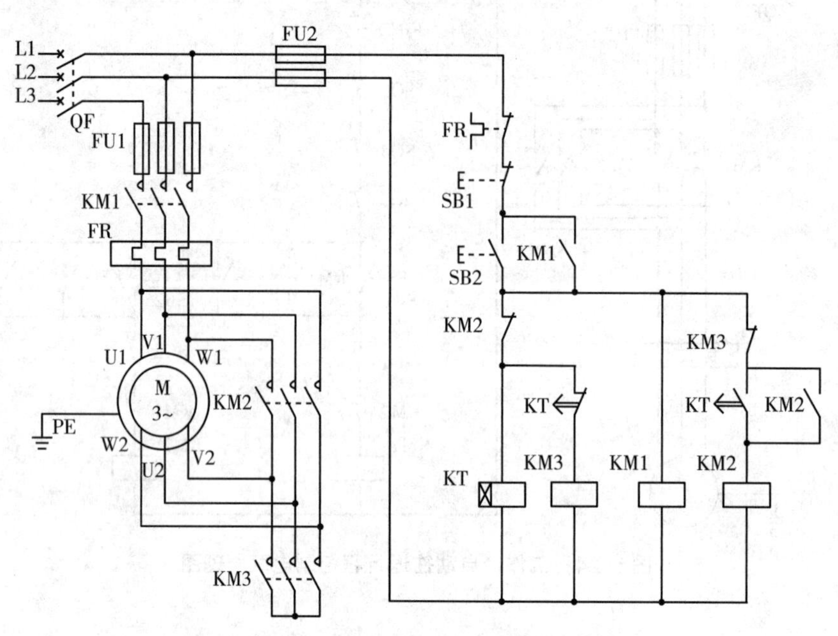

图5-26　电动机Y-△降压起动电气原理图

八、制动控制

在生产过程中，有些生产机械往往要求三相异步电动机快速、准确地停车，而电动机在脱离电源后由于机械惯性完全停车需要一段时间，这就要求对三相异步电动机采取有效措施进行制动。三相异步电动机制动分两大类：机械制动和电气制动。

机械制动是在三相异步电动机断电后利用机械装置对其转轴施加相反的制动力矩来进行制动。机械制动通常利用电磁抱闸制动器来实现。电动机起动时，电磁抱闸线圈同时通电，电磁铁吸合，使抱闸松开；电动机断电时，抱闸线圈同时断电，电磁铁释放，在弹簧作用下，抱闸把电动机同轴的制动轮紧紧抱住，实现制动。起重机广泛采用这种方法进行制动。

电气制动是使三相异步电动机产生一个与转子原来的实际旋转方向相反的电磁制动力矩来进行制动。常用的电气制动有反接制动和能耗制动等。

（一）三相异步电动机单向运行反接制动控制电路

反接制动是利用改变电动机电源的相序，使定子绕组产生相反方向的旋转磁场，因而产生制动转矩的一种制动方法。反接制动刚开始时，转子与旋转磁场的相对速度接近于两倍的同步转速，所以定子绕组流过的制动电流相当于全压直接起动电流的两倍，因此，反接制动的特点是制动迅速，效果好，但冲击大。故反接制动一般用于电动机需快速停车的场合。为了减小冲击电流，通常要求在电动机主电路中串接一定的电阻以限制反接制动电流。反接制动电阻的接线方法有对称和不对称两种接法。对反接制动的另一个要求是在电动机转速接近于零时，必须及时切断反相序电源，以防止电动机反向再起动。

如图5-27所示为异步电动机单向运行反接制动电路，KM1为电动机单向旋转接触器，KM2为反接制动接触器，制动时在电动机三相中串入制动电阻。用速度继电器来检测电动机转速，假设速度继电器的动作值为120r/min，释放值为100r/min。

医药大学堂 WWW.YIYAODXT.COM

1.起动过程　合上开关QF，按下起动按钮SB2，接触器KM1线圈得电实现自锁，电动机M起动运转。电动机转速很快上升至120r/min，速度继电器KS常开触点闭合。电动机正常运转时，此对触点一直保持闭合状态，为进行反接制动作好准备。

2.停止过程　当需要停车时，按下停止按钮SB1，SB1常闭触点先断开，使接触器KM1线圈失电解除自锁，KM1主触头分断，电动机脱离正相序电源。然后SB1常开触点后闭合，接触器KM2得电自锁，主触点闭合，电动机定子绕组串入反相序电源进行反接制动，使电动机转速迅速下降。当电动机转速下降至100r/min时，KS常开触点断开，使KM2断电解除自锁，电动机断开电源后自行停车。

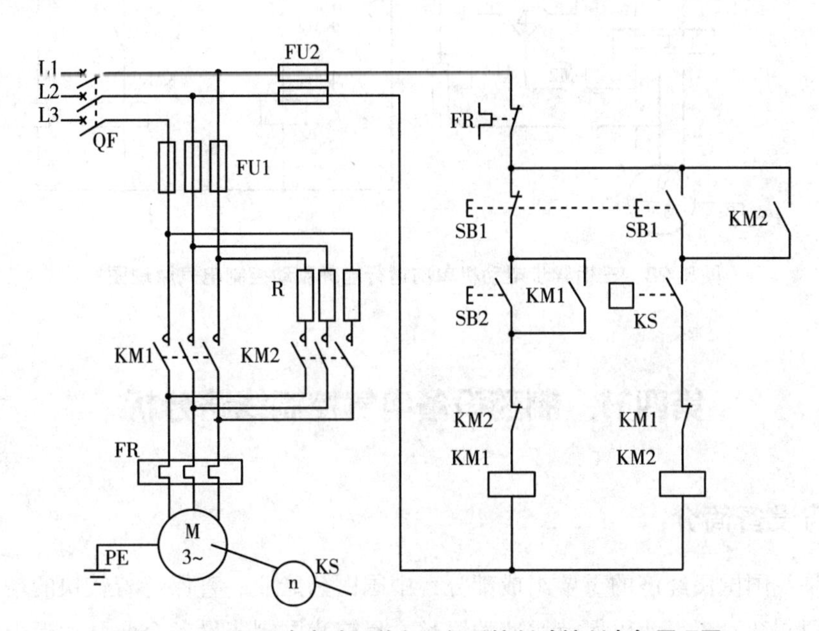

图5-27　三相异步电动机单向运行反接制动控制电气原理图

（二）三相异步电动机单向运行能耗制动控制电路

能耗制动是将运转的三相异步电动机脱离三相交流电源的同时，给定子绕组加一直流电源，以产生一个静止磁场，利用转子感应电流与静止磁场的作用，产生反向电磁力矩而制动。能耗制动时制动力矩大小与转速有关，转速越高，制动力矩越大，随转速的降低，制动力矩也下降，当转速为零时，制动力矩消失。

图5-28中主电路在进行能耗制动时所需的直流电源由四个二极管组成单相桥式整流电路通过接触器KM2引入，交流电源与直流电源的切换由KM1和KM2来完成，制动时间由时间继电器KT决定。

1.起动过程　合上开关QF，按下起动按钮SB2，接触器KM1线圈得电实现自锁，电动机M起动运转。

2.停止过程　当需要停车时，按下停止按钮SB1，SB1常闭触点先断开，使接触器KM1线圈失电解除自锁，KM1主触头分断，电动机脱离三相交流电源。随后SB1常开触点后闭合，使KM2线圈通电自锁，KM2主触点闭合，同时时间继电器得电，其常开触点闭合。交流电源经整流后经限流电阻向电动机提供直流电源，在电动机转子上产生一制动转矩，使电动机转速迅速下降。当电动机速度接近零时，KT延时结束，其延时常闭触点断开，使KM2、KT线圈相继断电释放。主回路中，KM2主触点断开，切断直流电源，直流制动结束。

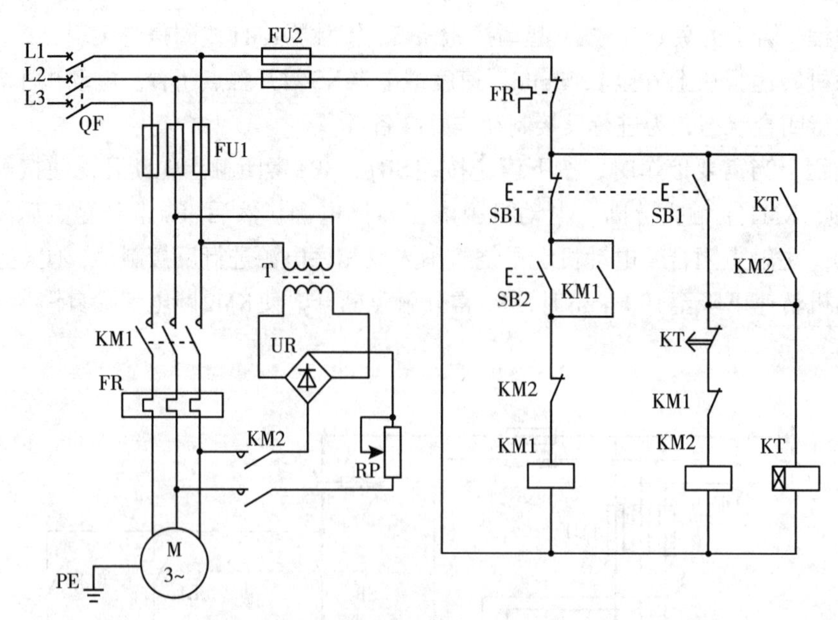

图5-28 三相异步电动机单向运行能耗制动控制电气原理图

PPT

第四节 制药设备电气控制线路分析

一、制药设备简介

医药产业是我国国民经济的重要组成部分，中国医药产业一直保持着较快的增长，随着医药产业发展，我国制药设备行业也保持快速的增长。目前我国制药设备企业已达近千家，我国已经发展成为制药设备生产大国。制药设备是指用于药品生产、检测、包装等工艺用途的机械设备，共分为以下8大类。

（一）原料药机械及设备

实现生物、化学物质转化，利用动物、植物、矿物制取医药原料的工艺设备及机械。

（二）制剂机械

将药物制成各种剂型的机械与设备。

（三）药用粉碎机械

用于药物粉碎（含研磨）并符合药品生产要求的机械。

（四）饮片机械

对天然药用动物、植物、矿物进行选、洗、润、切、烘、炒、锻等方法制取中药饮片的机械。

（五）制药用水设备

采用各种方法制取制药用水的设备。

医药大学堂
WWW.YIYAODXT.COM

（六）药品包装机械

完成药品包装过程以及与包装过程相关的机械与设备。

（七）药用检测设备

检测各种药物制品或半制品质量的仪器与设备。

（八）其他制药机械及设备

执行非主要制药工序的有关机械与设备。

其中主要的制剂机械按剂型分为14类：片剂机械、水针剂机械、抗生素粉机械、输液剂机械、硬胶囊剂机械、软胶囊（丸）剂机械、丸剂机械、软膏剂机械、栓剂机械、口服液剂机械、药膜剂机械、气雾剂机械、滴眼剂机械、酊水糖浆剂机械。

所以，制药行业设备众多，自动化程度较高，需要大量一线技能型的机械和电气维修维护人员，并对维修维护人员的职业能力提出了更高要求。

二、压片机控制系统

（一）压片机简介

压片机的主要用途就是将各种粉末状的药物原料按照需求制成药片。压片机是制药行业片剂生产中最为关键的核心设备，影响多数的质量指标和经济指标。目前，国内压片机的机型根据冲模数可分为单冲压片机和多冲旋转压片机两大类，根据压片机的结构及旋转方式可分为单冲式压片机、旋转式压片机、亚高速旋转式压片机、全自动高速压片机以及旋转式包芯压片机。单冲压片机仅适用于很小批量的生产和实验室的试制。

多冲旋转式压片机是目前生产中广泛使用的压片机，其电气控制方式主要可分为两种：交流接触器控制系统和PLC控制系统。本节只介绍交流接触器控制系统。

（二）压片机结构

旋转式压片机是目前生产中使用最广泛的压片机，主要由传动部件、转台部件、压轮架部件、轨道部件、润滑部件及围罩等组成。一般转台结构为三层，上层的模孔中装入上冲杆，中层装中模，下层模孔中装下冲杆。由传动部件带来的动力使转台旋转，在转台旋转的同时，上下冲杆沿着固定的轨道作有规律的上下运动。在上冲上面及下冲下面的适当位置装着上压轮和下压轮，在上冲和下冲转动并经过各自的压轮时，被压轮推动，使上冲向下、下冲向上运动并加压于物料。转台中层台面置有一位置固定不动的加料器，物料经加料器源源不断地流入中模孔中。压力调节手轮用来调节下压轮的高度，下压轮的位置高，则压缩时下冲抬得高，上下冲之间的距离近，压力大，反之压力就小。片重调节手轮用来调节物料的充填，也即调整中模孔内物料的容积。

（三）电气控制系统

1.控制系统组成　压片机的电气控制系统主要由断路器、交流接触器、热继电器、控制变压器、起动按钮、停止按钮、三相交流电动机和工作状态指示灯组成，控制线路如图5-29所示。

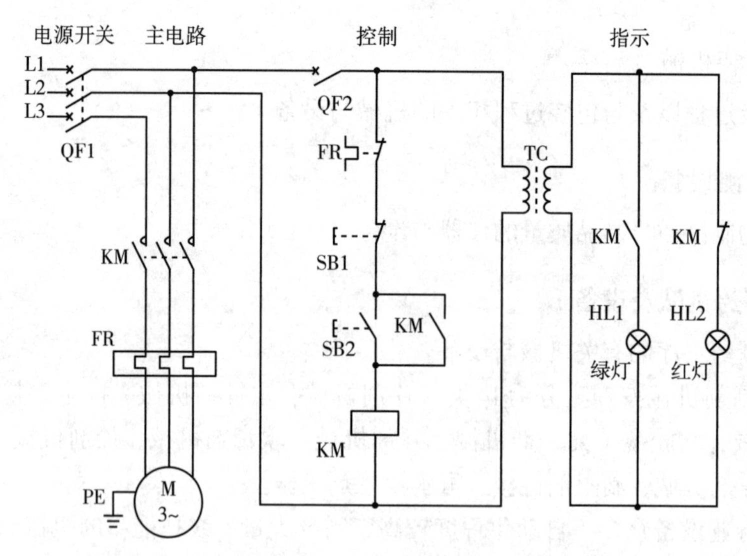

图5-29 制药厂常用19冲、33冲和55冲等压片机电气原理图

2.起动压片机 合上断路器QF1和辅助电路的断路器QF2，变压器TC工作，红色指示灯HL2亮，表示压片机处于供电状态，绿色指示灯HL1不亮，表示压片机处于不运转状态。

按下起动按钮SB2，交流接触器KM线圈得电自锁，交流接触器KM主触头闭合，电动机M起动连续运转。同时与红色指示灯串联的交流接触器KM常闭辅助触头分断，红色指示灯HL2熄灭；与绿色指示灯串联的交流接触器KM常开辅助触头闭合，绿色指示灯HL1点亮，表示压片机处于运转状态。

3.停止压片机 按下停止按钮SB1，交流接触器KM线圈失电解除自锁，交流接触器KM主触头分断，电动机M停止。同时与绿色指示灯串联的交流接触器KM常开辅助触头分断，绿色指示灯HL1熄灭；与红色指示灯串联的交流接触器KM常闭辅助触头重新闭合，红色指示灯HL2点亮，表示压片机处于供电但不运转状态。

三、V型混合机控制系统

（一）V型混合机简介

混合机是利用机械力和重力将两种或两种以上物料均匀混合起来的机械。混合机械广泛用于各类工业生产中。常用的混合机分为气体和低黏度液体混合器、中高黏度液体和膏状物混合机械、热塑性物料混合机、粉状与粒状固体物料混合机械四大类。制药行业常用的混合机主要有V型混合机、三维运动混合机、双锥混合机、槽型混合机等。

（二）电气控制系统

1.控制系统组成 V型混合机的电气控制系统主要由断路器、交流接触器、热继电器、熔断器、时间继电器、起动按钮、停止按钮、点动按钮和三相交流电动机组成。电气控制线路如图5-30所示。

2.起动V型混合机 合上断路器QF→按下起动按钮SB2→交流接触器KM线圈得电并自锁→交流接触器KM主触头闭合→电动机M起动运转。

3.停止V型混合机 按下停止按钮SB1→交流接触器KM线圈失电并解除自锁→交流接触器KM主触头分断→电动机M停止。

医药大学堂
WWW.YIYAODXT.COM

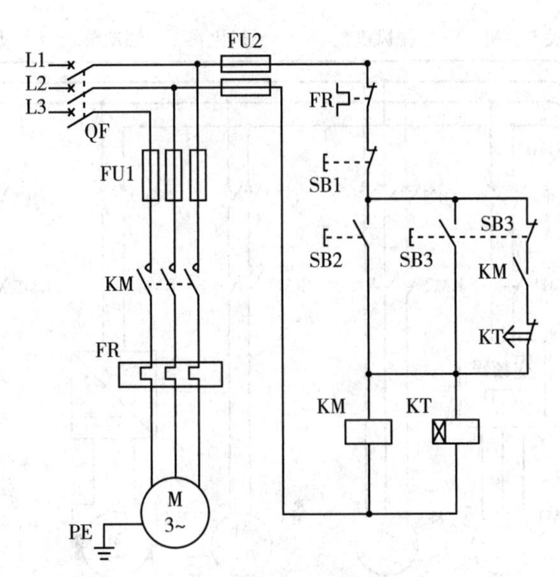

图5-30　制药厂常用V型混合机电气原理图

4.定时控制　进行定时控制时，首先在时间继电器上设定定时时间，按下起动按钮SB2→交流接触器KM线圈得电并自锁，同时时间继电器线圈得电计时→交流接触器KM主触头闭合→电动机M起动运转。

定时时间到，时间继电器延时常闭触点分断→交流接触器KM线圈失电并解除自锁→交流接触器KM主触头分断→电动机M停止。同时时间继电器线圈失电恢复原状态。

V型混合机自动停止运转时，若这时出料口不在下方无法出料，则按动点动按钮SB3直到出料口运转到下方时松开点动按钮即可。

四、制药包衣机控制系统

（一）包衣机简介

在特定的设备中按特定的工艺将糖料或其他能成膜的材料涂覆在药物固体制剂的外表面，使其干燥后成为紧密黏附在表面的一层或数层不同厚薄、不同弹性的多功能保护层，这个多功能保护层就叫作包衣。包衣一般应用于固体形态制剂，可以分为粉末包衣、微丸包衣、颗粒包衣、片剂包衣、胶囊包衣。

片剂包衣应用最广泛，它常采用锅包衣和高效包衣机包衣，后者应用于薄膜包衣效果更佳。

（二）电气控制系统

1.组成　以高效包衣机为例讲解包衣机的电气控制系统。高效包衣机是对中、西药片片芯外表进行糖衣、薄膜等包衣的设备，是集强电、弱电、液压、气动于一体化，将原普通型糖衣机改造的新型设备。主要由主机、可控常温热风系统、自动供液供气的喷雾系统等部分组成。包衣机将包衣辅料用高雾化喷枪喷到药片表面上，同时药片在包衣锅内作连续复杂的轨迹运动，使包衣液均匀地包在药片的片芯上，锅内有可控常温热风对药片同时进行干燥，使片药表面快速形成坚固、细密、完整、圆滑的表面薄膜。配件主要有调速器、喷枪、液杯、包衣锅、鼓风机。主电机可变频调速，控制包衣锅的旋转速度。

2.电气控制电路图　高效包衣机主电路图如图5-31所示，控制电路如图5-32所示。读者可根据包衣机的操作及注意事项说明，自己分析电路图的控制原理。

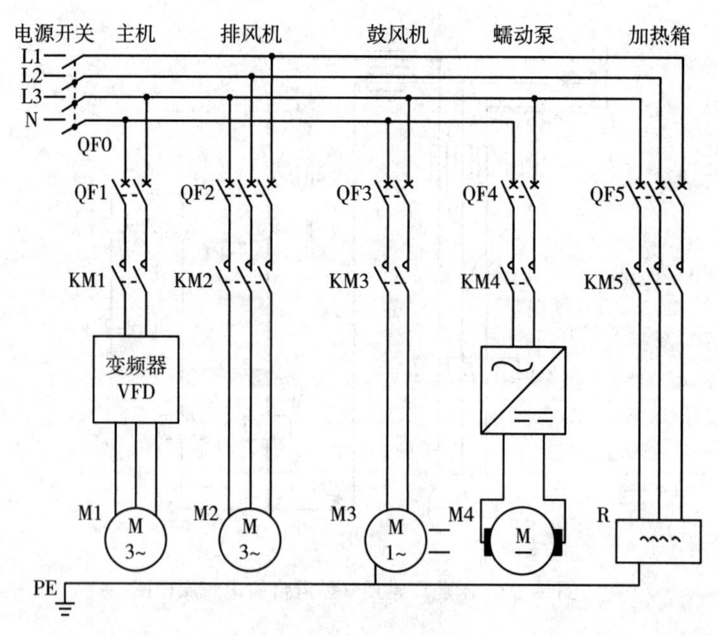

图5-31 高效包衣机主电路图

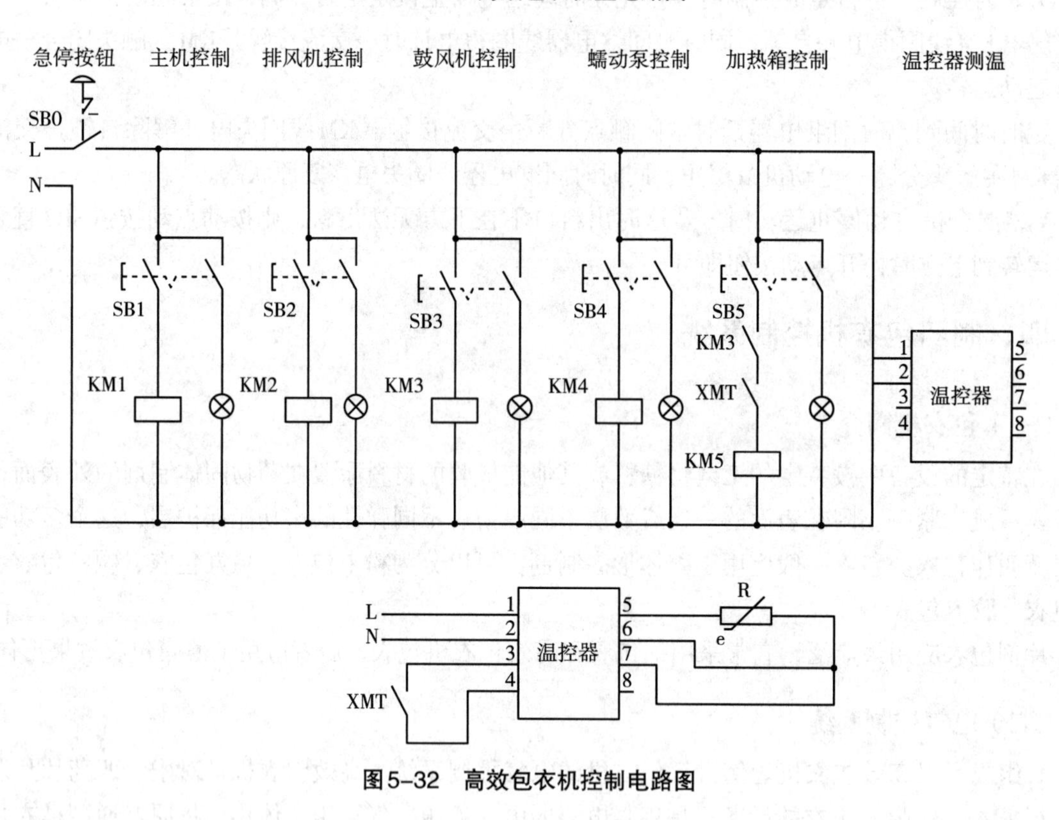

图5-32 高效包衣机控制电路图

（三）操作及注意事项

1.准备工作

（1）检查包衣机及辅助设备、环境卫生是否符合要求，锅内不得有杂物。

（2）合上总电源开关，打开急停按钮、附机开关、主机开关、排风机开关、鼓风机开关，最后开加热开关（不需要时不开）。

2.片芯预热 将片芯加到包衣锅内，关闭进料门。先打开排风与鼓风开关，然后起动包衣滚

医药大学堂 WWW.YIYAODXT.COM

筒，调整转速为5~8r/min，设定较高加热温度，起动加热按钮，将片芯预热至40~45℃，并吹出粉尘。

打开喷雾空气管道上的球阀，压力调至0.3~0.4MPa。起动蠕动泵，调整蠕动泵转速及喷枪顶端的调整螺钉，使喷雾达到理想要求，然后关闭蠕动泵，备用。

3.包衣

（1）“出风温度”升至工艺要求值时，降低“进风温度”，待“出风温度”稳定至规定值时开始包衣。

（2）起动蠕动泵，将配置好的包衣料液，用喷枪雾化均匀的喷向转动的片芯表面，一般温度控制在38~40℃。通过调节蠕动泵的转速调节流量、雾化气体的压力和气量来达到最佳的雾化效果。

（3）喷液完毕后，先关蠕动泵。继续加热干燥，待片面干燥达到要求后关掉热风开关；然后降低转速，开始吹凉风，直至片温凉至室温时停止。

（4）包衣过程完毕后，依次关掉鼓风开关、排风开关、附机开关、主机开关、急停按钮，再将旋转支臂连同喷枪支架转出包衣机滚筒外。取出包衣片，密封后贮存。

PPT

第五节　电气控制线路的故障检修方法

随着科学技术的不断发展，各行各业机械化、自动化程度大大提高，各类驱动用电机及各类电器应用越来越多，保证这些电气设备合理使用、正常运转是极其重要的。然而，电气控制线路出现故障是不可避免的，因此，只有及时、准确地排除各种设备的电气故障，才能充分发挥设备的作用，否则，将直接影响设备的利用率和生产的发展。

一、熟悉设备说明书

设备一般都配备说明书，设备说明书由机械与电气两部分组成，平时在设备操作、维护与保养中要熟悉这两部分内容。

（一）设备机械部分

1.设备的结构组成及工作原理、设备传动系统的类型及驱动方式、主要技术性能及规格和运动要求等。

2.电气传动方式，电机、执行器的数目、规格型号、安装位置、用途及控制要求。

3.设备的使用方法，各操作手柄、开关、旋钮、指示装置的布置以及在控制线路中的作用。

4.与机械、液压部分直接关联的电器（行程开关、电磁阀、电磁离合器、传感器等）的位置、工作状态及与机械、液压部分的关系，在控制中的作用等。

（二）电气控制原理图

电气控制原理图是设备电气控制系统故障分析的中心内容。电气控制原理图由主电路、控制电路、辅助电路、保护及联锁环节，以及特殊控制电路等部分组成。在分析电气原理图时，必须与阅读其他技术资料结合起来。例如，各种电动机及执行元器件的控制方式、位置及作用，各种与机械有关的位置开关、主令电器的状态等。

二、设备电气常见故障

设备电气故障一般可分为自然故障和人为故障两类。自然故障是由于电气设备运行过载、振动或金属屑、油污侵入等原因引起的，造成电气绝缘下降，触点熔焊和接触不良，散热条件恶化，甚至发生接地或短路。人为故障是由于在维修电气故障时没有找到真正的原因或操作不当，不合理地更换元件或改动线路，或者在安装线路时布线错误等原因引起的。

电气控制系统的故障，最终表现为电动机不能正常运行，常见有以下几种情况。

（一）电动机不能起动

其可能原因如下。

（1）主电路或控制电路的熔体熔断。

（2）热继电器动作后尚未复位。

（3）控制电路中按钮和继电器的触头不能正常闭合，接触器线圈内部断线或联接导线脱落。

（4）主电路中接触器的主触头因衔铁被卡住而不能闭合或联接导线脱落等。

（5）起动时工作负载太重。

（二）电动机在起动时发出嗡嗡声

这是由于电动机缺相运转致电流过大而引起的，应立即切断电源，否则电动机要烧坏。造成缺相的可能原因如下。

（1）有一相熔体熔断。

（2）接触器的三对主触头不能同时闭合。

（3）某相接头处接触不良，导线接头处有氧化物、油垢，或连接螺钉未旋紧等。

（4）电源线有一相内部断线。

（三）电动机运行时不能自锁

在要求电动机起动后能连续运行时，若按下起动按钮，电动机能运转，而松开按钮后，电动机就停转。这种现象称不能自锁，是由于接触器的自锁触头不能保持闭合或连接导线松脱断裂等引起。

（四）按下停止按钮后电动机不能停车

电动机和它带动的工作机械不能停车是十分危险的，必须立即断开电源开关，迫使电动机断电停转。这种情况一般是因过载而造成接触器主触头烧焊而引起的。

（五）电动机温升过高

电动机温升过高会损坏绕组绝缘而缩短电动机寿命。产生这种情况的原因有负载过重，电动机通风条件差或轴承油封损坏、因漏油而润滑不良等。

三、设备故障维修方法

电气控制线路的形式很多，复杂程度不一，它的故障常常和机械系统的故障交错在一起，难以分辨。所以要善于学习，善于总结经验，弄懂原理，找出规律，掌握正确的维修方法，迅速准确地排除故障。维修人员检修设备故障时一般要按照先询问再动手、先外部后内部、先机械后电气、先电源后设备的顺序进行。

（一）观察法

观察法是根据电器故障的外部表现，通过看、闻、听等手段，检查、判断故障的方法。

1.调查情况　首先应向操作者了解故障发生的前后情况，有利于根据电气设备的工作原理来分析发生故障的原因。一般询问的内容有：故障发生在开车前、开车后还是发生在运行中，是运行中自行停车，还是发现异常情况后由操作者停下来的；发生故障时，机床工作在什么工作顺序，按动了哪个按钮，扳动了哪个开关；故障发生前后，设备有无异常现象，如响声、气味、冒烟或冒火等；以前是否发生过类似的故障，是怎样处理的等。看有关电器外部有无损坏、连线有无断路、松动，绝缘有无烧焦，螺旋熔断器的熔断指示器是否跳出，电器有无进水、油垢，开关位置是否正确等。

2.断电检修　先进行断电检修。根据调查结果，参考该电气设备的电气原理图进行分析，初步判断出故障产生的部位，然后逐步缩小故障范围，直至找到故障点并加以消除。

3.试车检查　做断电检查仍未找到故障时，确认不会使故障进一步扩大和造成人身、设备事故后，可进一步试车检查，试车中要注意有无严重跳火、异常气味、异常声音等现象，一经发现应立即停车，切断电源。注意检查电器的温升及电器的动作程序是否符合电气设备原理图的要求，从而发现故障部位。

在通电检查时要尽量使电动机和其所传动的机械部分脱开。然后用万用表检查电源电压是否正常，有否缺相或严重不平衡。再进行通电检查，检查的顺序为：先检查控制线路，后检查主线路；先检查辅助系统，后检查主传动系统；先检查交流系统，后检查直流系统，直至查到发生故障的部位。

（二）电压测量法

电压测量法指利用万用表测量设备电气线路上某两点间的电压值来判断故障点的范围或故障元件的方法。

在维修检测电子电器设备的各种方法中，电压测量法是其中最常用、最基本的方法。电压测量法主要是用在测量设备的主电路电气故障上。需要注意的是要正确选择好万用表的量程，及时调整量程，注意交直流的区别以免烧坏万用表。

电压测量法如图5-33所示。

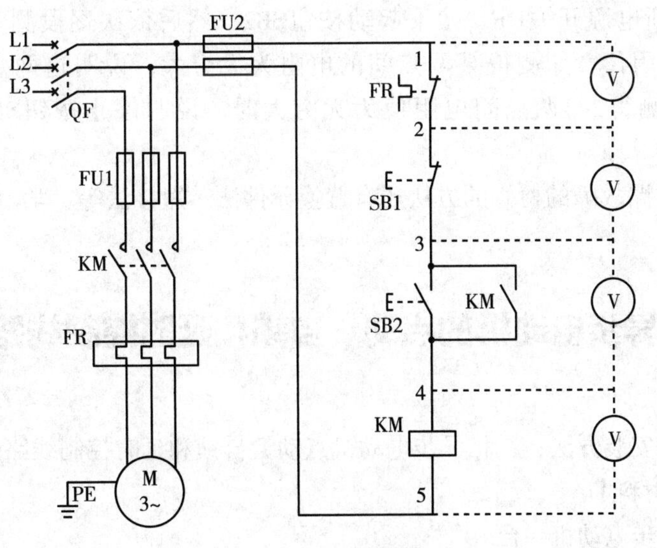

图5-33　电压测量法

医药大学堂
WWW.YIYAODXT.COM

先用万用表测试1、5两点，电压值为380V，说明电源电压正常。

用万用表红、黑两表笔逐段测量相邻两标号点1~2、2~3、3~4、4~5间的电压。如电路正常，按SB2后，除4~5两点间的电压等于380V之外，其他任何相邻两点间的电压值均为零。

如按下起动按钮SB2，接触器KM不吸合，说明发生断路故障，此时可用电压表逐段测试各相邻两点间的电压。如测量到某相邻两点间的电压为380V时，说明这两点间所包含的触点、连接导线接触不良或有断路故障。例如，标号1~2两点间的电压为380V，说明热继电器FR的常闭触点接触不良。

（三）电阻测量法

电阻测量法指利用万用表测量设备电气线路上某两点间的电阻值来判断故障点的范围或故障元件的方法。

使用时特别要注意一定要切断设备电源，且被测电路没有其他支路并联。当测量到某相邻两点间的电阻值很大时，则可判断该两点间是故障点。

电阻测量法如图5-34所示。

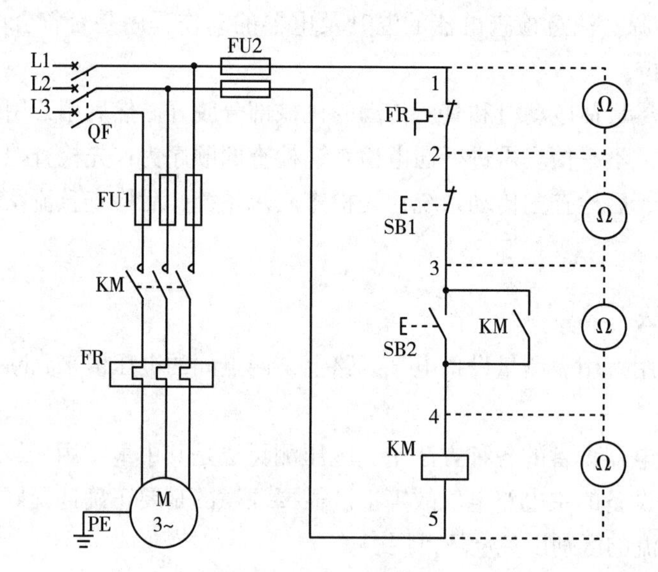

图5-34 电阻测量法

检查时，先切断电源开关QF，按下起动按钮SB2，然后依次逐段测量相邻两标号点1~2、2~3、3~4、4~5的电阻值。如测得某两点间的电阻为无穷大，说明这两点间的触点或连接导线断路。例如，当测得2~3两点间电阻值为无穷大时，说明停止按钮SB1或连接SB1的导线断路。

设备电气控制线路故障的检修的方法还有置换元件法、短接法等，学习者可参考其他维修书籍学习领会。

实训六　三相异步电动机的点动、自锁和延时控制线路的安装与调试

【实训目的】

掌握线槽配线的安装方法；三相异步电动机点动、自锁和延时控制线路的安装与调试。

【设备、工具及材料】

1.设备　三相异步电动机一台。

2. 工具　测电笔、万用表、尖嘴钳、钢丝钳、剥线钳、电工刀、活扳手、手电钻、压接钳、手锯等。

3. 材料　断路器、熔断器、交流接触器、热继电器、时间继电器、按钮；端子排、接线端子、线槽、异形号码管、螺钉；0.5mm^2、1.5mm^2、2.5mm^{2}铜线各若干米；电器安装板；绝缘手套。

【评分标准】

项目完成质量评分标准参照国家中级维修电工技能鉴定标准（表5-1）。

表5-1　完成质量鉴定标准

序号	主要内容	考核要求	评分标准	配分	扣分	得分
1	元件安装	按位置图固定元件	布局不匀称每处扣2分；漏错装元件每件扣5分；安装不牢固每处扣2分；扣完为止	20		
2	布线	布线横平竖直；接线紧固美观；电源、电动机、按钮要接到端子排上，并有标号	布线不横平竖直每处扣2分；接线不紧固美观每处扣2分；接点松动、反圈、压绝缘层、标号漏错每处扣2分；损伤线芯或绝缘层、裸线过长每处扣2分；漏接地线扣2分，扣完为止	40		
3	通电试车	在保证人身和设备安全的前提下，通电试验一次成功	一次试车不成功扣5分；二次试车不成功扣10分；三次试车不成功扣15分；扣完为止	30		
4	安全文明生产	遵守操作规程	违反操作规程按情节轻重适当扣分	10		
			合计	100		
			教师签字	年	月	日

【安装电路图】

原理图见图5-35、5-36、5-37。

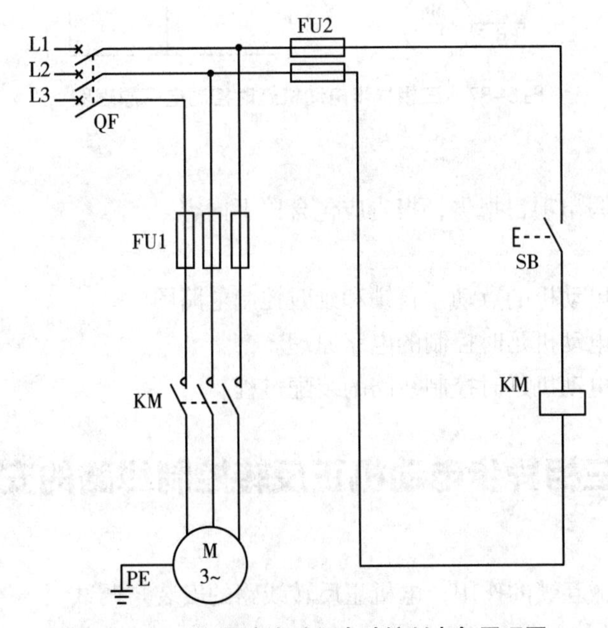

图5-35　三相异步电动机点动控制电气原理图

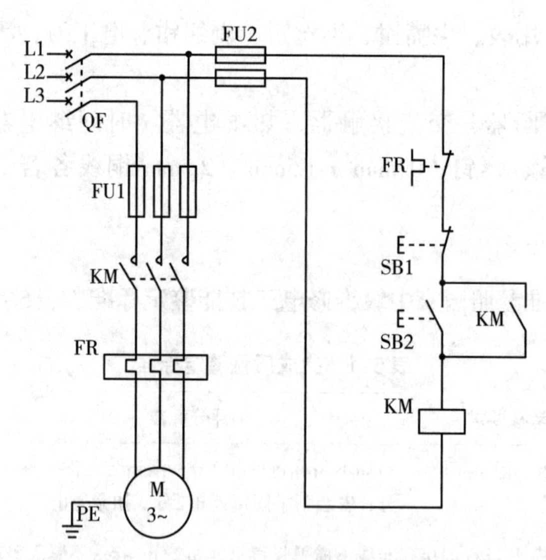

图5-36　三相异步电动机自锁控制电气原理图

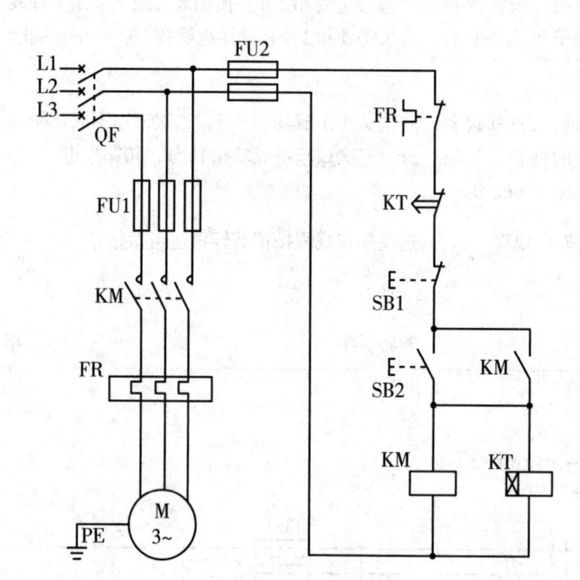

图5-37　三相异步电动机延时控制电气原理图

【实训报告】

项目完成后，要求写出项目报告，报告应包含以下内容。

（1）项目目的。

（2）绘制三相异步电动机的点动、自锁和延时控制电路图。

（3）分析三相异步电动机延时控制的电路原理。

（4）简述三相异步电动机延时控制线路的装配过程。

实训七　三相异步电动机正反转控制线路的安装与调试

【实训目的】

掌握电气互锁和机械互锁的作用；电机正反转线路的安装与调试。

【设备、工具及材料】

1. 设备　三相异步电动机一台。

2. 工具　测电笔 、万用表、尖嘴钳、钢丝钳、剥线钳、电工刀、活扳手、手电钻、压接钳、手锯等。

3. 材料　断路器、熔断器、交流接触器、接触器辅助触头、热继电器、按钮；端子排、接线端子、线槽、异形号码管、螺钉；$0.5mm^2$、$1.5mm^2$、$2.5mm^2$铜线各若干米；电器安装板；绝缘手套。

【安装与调试要求】

项目考核标准参考实训六。读懂三相异步电动机正反转控制线路图（图5–38）。

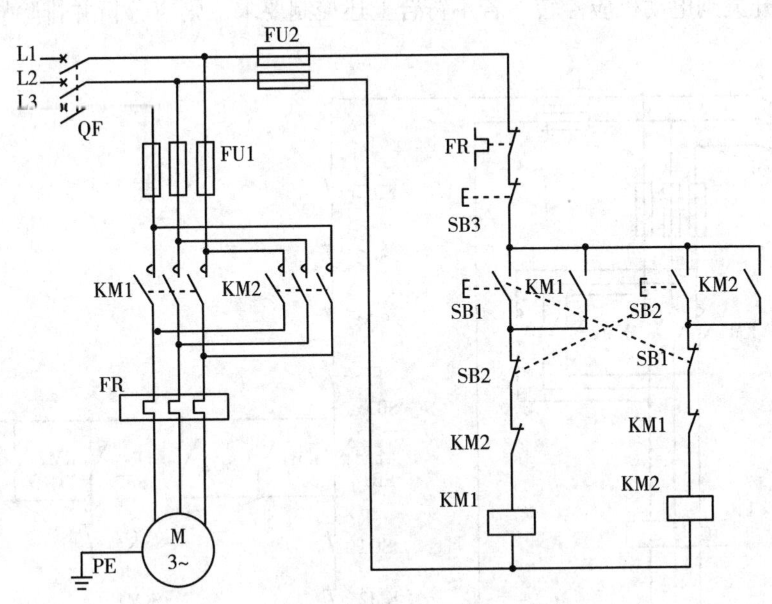

图5–38　三相异步电动机正反转控制电气原理图

【实训报告】

项目完成后，要求写出项目报告，报告应包含以下内容。

（1）项目目的。

（2）绘制三相异步电动机正反转控制线路图并简述控制原理。

（3）简述三相异步电动机正反转控制线路的装配过程。

实训八　工作台自动往返控制线路的安装与调试

【实训目的】

掌握行程开关的结构与作用；工作台自动往返控制线路的安装与调试。

【设备、工具及材料】

1. 设备　三相异步电动机一台。

2. 工具　测电笔 、万用表、尖嘴钳、钢丝钳、剥线钳、电工刀、活扳手、手电钻、压接钳、手锯等。

3. 材料　断路器、熔断器、交流接触器、接触器辅助触头、热继电器、行程开关、按钮；端子排、接线端子、线槽、异形号码管、螺钉；$0.5mm^2$、$1.5mm^2$、$2.5mm^2$铜线各若干米；电器安装板；绝缘手套。

【安装与调试要求】

项目考核标准参考实训六。读懂工作台自动往返控制电路图（图5–39）。

图5-40中SQ1、SQ2装在机床床身上，用来控制工作台的自动往返，SQ3和SQ4用来作终端保护，即限制工作台的极限位置；在工作台的梯形槽中装有挡块，当挡块碰撞行程开关后，能使工作台停止和换向，工作台就能实现往返运动。工作台行程可通过移动挡块位置来调节，以适应加工不同的工件。

按SB1，观察并调整电动机M为正转（模拟工作台向右移动），用手代替挡块按压SQ1，电动机先停转在反转，即可使SQ1自动复位（反转模拟工作台向左移动）；用手代替挡块按压SQ2再使其自动复位，则电动机先停转再正转。以后重复上述过程，电动机都能正常正反转。若拨动SQ3或SQ4极限位置开关则电动机应停转。若不符合上述控制要求，则应分析并排除故障。

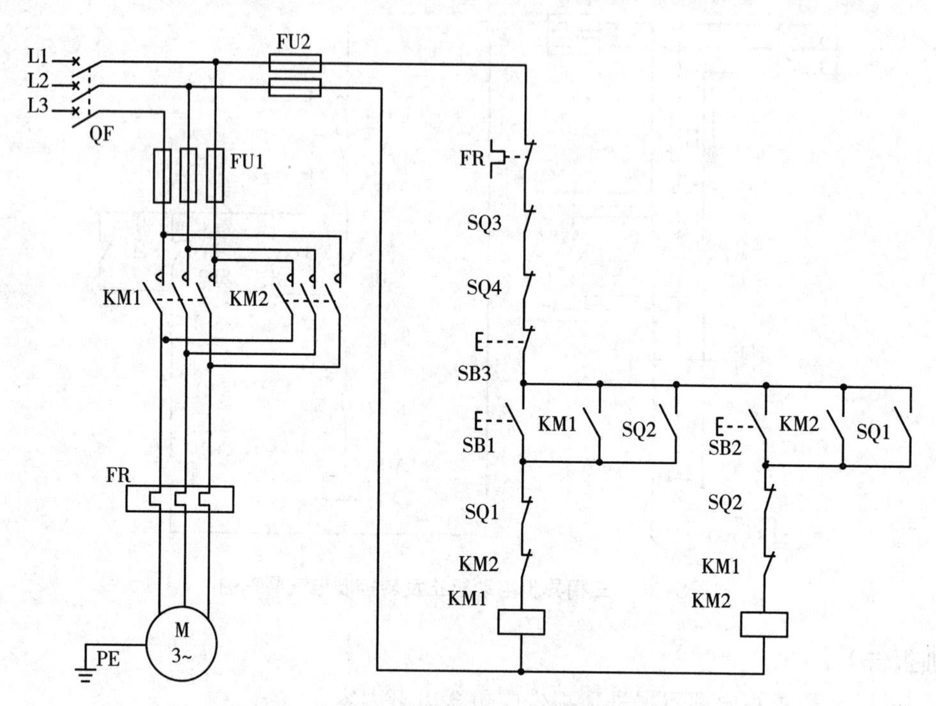

图5-39　工作台自动往返行程控制电气原理图

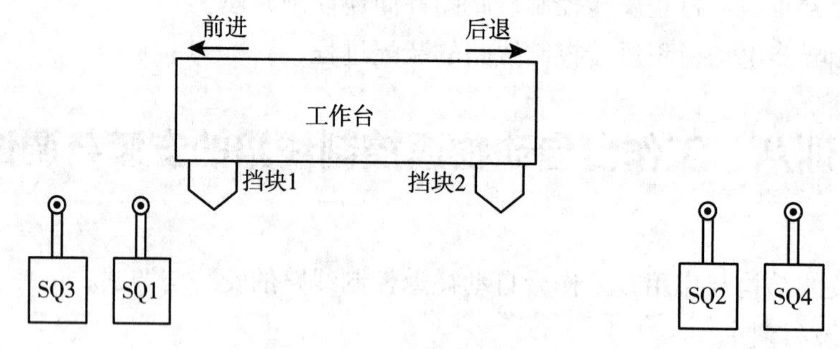

图5-40　工作台往返示意图

【实训报告】

项目完成后，要求写出项目报告，报告应包含以下内容。

（1）项目目的。

（2）绘制工作台自动往返控制线路图并简述控制原理。

（3）简述工作台自动往返控制线路的装配过程。

医药大学堂
WWW.YIYAODXT.COM

实训九　三相异步电动机的星－三角起动线路的安装与调试

【实训目的】

掌握电动机的星－三角起动线路安装与调试。

【设备、工具及材料】

1.设备　三相异步电动机一台。

2.工具　测电笔 、万用表、尖嘴钳、钢丝钳、剥线钳、电工刀、活扳手、手电钻、压接钳、手锯等。

3.材料　断路器、熔断器、交流接触器、热继电器、时间继电器、按钮；端子排、接线端子、线槽、异形号码管、螺钉；$0.5mm^2$、$1.5mm^2$、$2.5mm^2$铜线各若干米；电器安装板；绝缘手套。

【安装与调试要求】

项目考核标准参考实训六。读懂电动机星－三角起动线路图（图5-41）。

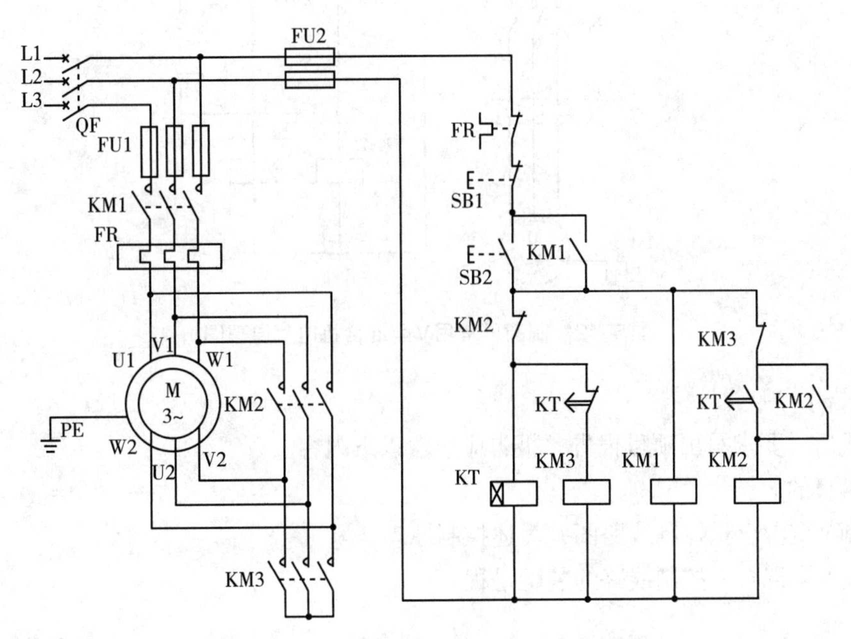

图5-41　电动机Y-△降压起动电气原理图

【实训报告】

项目完成后，要求写出项目报告，报告应包含以下内容。

（1）项目目的。

（2）绘制三相异步电动机星－三角起动线路图并简述控制原理。

（3）简述三相异步电动机星－三角起动控制线路的装配过程。

实训十　制药厂V型混合机控制系统的安装与调试

【实训目的】

掌握时间继电器的结构、原理、作用、安装及时间设定；点动控制与自锁控制对一台电动机的控制作用；制药厂V型混合机控制系统安装与调试。

【设备、工具及材料】

1.设备　三相异步电动机一台。

医药大学堂
WWW.YIYAODXT.COM

2.工具　测电笔、万用表、尖嘴钳、钢丝钳、剥线钳、电工刀、活扳手、手电钻、压接钳、手锯等。

3.材料　断路器、熔断器、交流接触器、热继电器、时间继电器、按钮；端子排、接线端子、线槽、异形号码管、螺钉；0.5mm^2、1.5mm^2、2.5mm^{2}铜线各若干米；电器安装板；绝缘手套。

【安装与调试要求】

项目考核标准参考实训六。读懂V型混合机控制系统线路图（图5-42）。

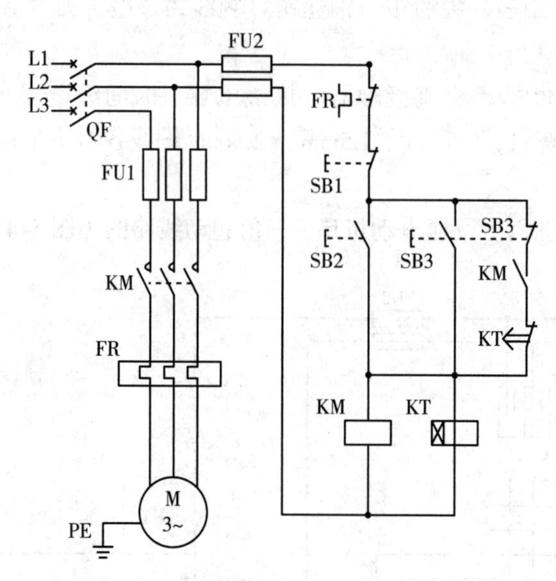

图5-42　制药厂常用V型混合机电气原理图

【实训报告】

项目完成后，要求写出项目报告，报告应包含以下内容。

（1）项目目的。

（2）绘制V型混合机控制线路图并简述控制原理。

（3）简述V型混合机控制线路的装配过程。

实训十一　制药厂压片机控制系统的安装与调试

【实训目的】

掌握变压器和指示灯的结构、原理和作用；制药厂压片机控制系统安装与调试。

【设备、工具及材料】

1.设备　三相异步电动机一台。

2.工具　测电笔 、万用表、尖嘴钳、钢丝钳、剥线钳、电工刀、活扳手、手电钻、压接钳、手锯等。

3.材料　断路器、熔断器、交流接触器、接触器辅助触头、热继电器、变压器、按钮；端子排、接线端子、线槽、异形号码管、螺钉；0.5mm^2、1.5mm^2、2.5mm^{2}铜线各若干米；电器安装板；绝缘手套。

【安装与调试要求】

项目考核标准参考实训六。读懂压片机控制系统电路图（图5-43）。

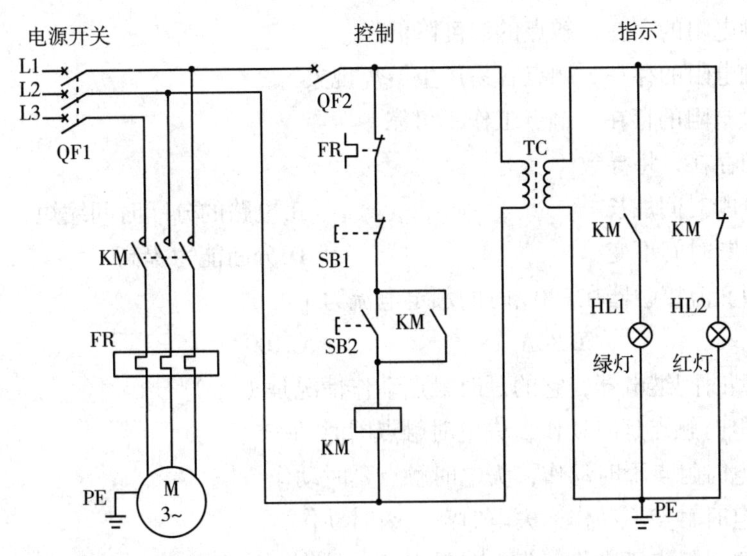

图5-43 制药厂常用19冲、33冲和55冲等压片机电气原理图

【实训报告】

项目完成后，要求写出项目报告，报告应包含以下内容。

（1）项目目的。

（2）绘制压片机控制线路图并简述控制原理。

（3）绘制压片机控制线路电器元件布局图。

（4）简述压片机控制线路的装配过程。

一、单项选择题

1.热继电器的动作时间随着电流的增大而（ ）。

A.急剧延长　　B.缓慢延长　　C.缩短　　D.保持不变

2.电动机若采用Y-△起动时，其起动电流为全压起动的（ ）。

A.1/2倍　　B.1/3倍　　C.3倍　　D.2倍

3.低压断路器的瞬时动作电磁式过电流脱扣器的作用是（ ）。

A.短路保护　　B.过载保护　　C.漏电保护　　D.缺相保护

4.热继电器的整定电流一般为电动机额定电流的（ ）%。

A.150　　B.110　　C.90　　D.200

5.在多级保护的场合，上一级熔断器的熔断时间一般应大于下一级的（ ）倍。

A.1　　B.3　　C.5　　D.7

6.低压熔断器广泛应用于低压供配电系统和控制系统中，主要用于（ ）保护，有时也可用于过载保护。

A.欠压　　B.短路　　C.过流　　D.过载

7.关于接触电阻，下列说法中不正确的是（ ）。

A.由于接触电阻的存在，会导致电压损失

B.由于接触电阻的存在，触点的温度降低

C.由于接触电阻的存在，触点容易产生熔焊现象

D.由于接触电阻的存在，触点工作不可靠

8.由于电弧的存在，将导致（　）。

A.电路的分断时间加长　　B.电路的分断时间缩短

C.电路的分断时间不变　　D.分断能力提高

9.CJ40-160型交流接触器在380V时的额定电流为（　）。

A.40A　　B.80A　　C.100A　　D.160A

10.得电延时型时间继电器，它的延时触点动作情况是（　）。

A.线圈得电时触点延时动作，失电时触点瞬时动作

B.线圈得电时触点瞬时动作，失电时触点延时动作

C.线圈得电时触点不动作，失电时触点瞬时动作

D.线圈得电时触点不动作，失电时触点延时动作

二、简答题

1.某设备的电动机只要求连续正转控制。设备的工作照明灯是交流36V，要求有短路、及过载保护。试画出电气控制线路图。

2.在制药设备控制中，要求引风机先起动，延迟5秒后鼓风机自动起动；鼓风机和引风机一起停止。试画出电气控制线路图。

3.某设备有两台电动机：一台为主电动机，要求能正反转控制；另一台为排风电动机，只要求连续正转控制。两台电机的控制相互独立。设备有额定电压为交流380V的电源指示灯，要求总电源开关合闸指示灯就点亮指示。试画出其电气控制线路图。

参考答案

第一章

一、选择题

1.B　2.C　3.B　4.B　5.C　6.B　7.B　8.A　9.A　10.D

第二章

一、选择题

1.B　2.C　3.B　4.C　5.C　6.D　7.C　8.B　9.D　10.A

第三章

一、选择题

1.A　2.A　3.A　4.A　5.B　6.A　7.A　8.A　9.A　10.B

第四章

一、选择题

1.A　2.A　3.D　4.A　5.D　6.A　7.A　8.C　9.B　10.D

第五章

一、选择题

1.C　2.B　3.A　4.B　5.B　6.B　7.B　8.A　9.D　10.A

参考文献

[1] 仇超.电工技术[M]. 北京：机械工业出版社，2015.
[2] 周元一.电机与电气控制[M]. 北京：机械工业出版社，2018.
[3] 许翏.电机与电气控制技术[M]. 北京：机械工业出版社，2018.
[4] 张仁醒.电工技能实训基础[M]. 西安：西安电子科技大学出版社，2012.
[5] 邱勇进.维修电工[M]. 北京：化学工业出版社，2016.
[6] 王兵利，张争刚.电机与电气控制应用技术[M]. 西安：西安电子科技大学出版社，2014.